DROEMER

Christian Hesse

ALLES KEIN ZUFALL!

Liebe, Geld, Fußball – so berechnen Sie den Erfolg

DROEMER

Besuchen Sie uns im Internet:
www.droemer.de

Aus Verantwortung für die Umwelt hat sich die Verlagsgruppe Droemer Knaur zu einer nachhaltigen Buchproduktion verpflichtet. Der bewusste Umgang mit unseren Ressourcen, der Schutz unseres Klimas und der Natur gehören zu unseren obersten Unternehmenszielen. Gemeinsam mit unseren Partnern und Lieferanten setzen wir uns für eine klimaneutrale Buchproduktion ein, die den Erwerb von Klimazertifikaten zur Kompensation des CO_2-Ausstoßes einschließt. Weitere Informationen finden Sie unter: www.klimaneutralerverlag.de

MIX
Papier aus verantwortungsvollen Quellen
FSC® C083411
www.fsc.org

Originalausgabe April 2021

Ein Imprint der Verlagsgruppe
Droemer Knaur GmbH & Co. KG, München

Redaktion: Claudia Krader
Covergestaltung: ZERO Werbeagentur, München
Coverabbildung: Arne Weychardt Photography, Hamburg, und Shutterstock.com
Satz: Adobe InDesign im Verlag
Druck und Bindung: CPI books GmbH, Leck
ISBN 978-3-426-27820-8

2 4 5 3 1

Inhalt

Für King Dong.
Und was daraus entstand.

Entscheidungshilfen dringend gesucht

Unser Leben ist ein Wirrwarr von Unwahrscheinlichkeiten und Wahrscheinlichkeiten, von Chancen und Risiken. Wir leben in der VUKA-Welt. Diese Welt ist volatil, unsicher, komplex, ambivalent. Uns widerfährt Glück und Pech, Schönes, weniger Schönes und Schlimmes. Manchmal machen wir Fehler und manchmal keine.

Im großen Zufallsdurcheinander unserer Lebenswelt sind ständig Entscheidungen zu treffen. Einige Hundert Mal jeden Tag, bei vielen kleinen, aber auch großen Dingen. Dabei gibt es eine Entscheidung, die jeder ständig und in jedem Moment treffen muss: Was soll ich als Nächstes tun?

Die Optionen dafür unterscheiden sich je nach Setting.

Zum Beispiel beim Einkaufen. In einem durchschnittlichen Supermarkt gibt es zwanzigtausend Produkte. Dutzende unserer täglichen Entscheidungen haben allein mit Einkäufen und Ernährung zu tun. Unzählige weitere kommen hinzu, die unseren Beruf, unsere Familie, unsere Freizeit und unser Geld betreffen. Kein Wunder, dass sich viele Menschen durch Entscheidungsvielfalt und Entscheidungsdruck überfordert fühlen. Sozialpsychologen und Alltagsforscher mahnen dringend belastbare Entscheidungshilfen an. Na, dazu kann ich etwas beitragen. Es gibt nämlich ein paar Faustregeln, die uns unser Leben tatsächlich erleichtern.

> Inmitten des Wirrwarrs gilt es,
> das Einfache zu finden.
> *Albert Einstein*

Viele Entscheidungen fallen uns deswegen so schwer, weil wir oft weder über die benötigten Informationen noch über hilfreiche Erfahrungswerte verfügen, um sie kompetent zu treffen. Manchmal fehlt noch dazu die Zeit, um in aller Ruhe wohlüberlegte Einschätzungen vorzunehmen. Das wiederum liegt daran, dass die Nischen und Winkel der Wirklichkeit schlicht zu unübersichtlich für uns sind.

Kein Wunder. Eine Wirklichkeit, die wir mit unserem Verstand gänzlich verstehen können, wäre zu einfach, um einen so komplizierten Verstand hervorgebracht zu haben, der die Wirklichkeit gänzlich versteht. Dies ist das bekannte Paradoxon des Verstehens.

Häufiger, als uns lieb ist, überfordert uns die Welt. Dazu trägt unser moderner, von überkomplexen Technologien geprägter und globalisierter Lebensraum bei. Dennoch müssen wir unseren Alltag meistern. Weichen müssen gestellt, Fragen beantwortet, Alternativen erkannt, bewertet, ausgewählt oder verworfen werden. Und natürlich wollen wir all das möglichst gut machen. Im Zweifelsfall schlagen wir uns auf die Seite der Realität, des Greifbaren. Leicht ist es aber nicht, sich mit ihr dauerhaft anzufreunden, weil es der Realität nämlich ziemlich schnuppe ist, ob wir sie mögen oder mit ihr klarkommen.

Seit Äonen stehen Menschen im Prinzip vor ähnlichen Anforderungen. Zu vielen Dingen haben sich aus den gefundenen Lösungen über die Jahrhunderte hinweg Faustregeln herausgebildet. Sie liefern uns eine vernünftige Ermessens-, Bewertungs- und Verhaltensgrundlage.

Dieses Buch präsentiert Ihnen bewährte Faustregeln aus einem breiten Spektrum von Lebensbereichen. Von extrem emotional bis total rational. Von der großen Liebe über den Ausgang einer amerikanischen Präsidentschaftswahl bis zur deutschen Meisterschaft im Fußball. Außerdem gibt es Tipps, wie Sie Ihr Leben verlängern können und warum Sie sich beim Glücklichsein auch mal stören lassen sollten.

Die hier versammelten Life-Hacks gehen zum Teil auf Problemlösungen aus Mathematik oder Statistik zurück. Bei anderen arbeiten Mathematik und Psychologie Hand in Hand. Beide Wissenschaften in Kooperation bilden ein Dream-Team, um unser Verhalten in allen möglichen Lebensumständen zu optimieren. Ein weiterer Teil meiner Faustregeln basiert auf den Erfahrungswerten von Experten auf ihren Gebieten.
Das Ganze wird serviert mit einer Prise Humor und interessanten Informationen, die vielleicht zum Nachdenken anregen. Sie sollen ja Spaß beim Lesen haben.
Fangen wir an. Mit dem, was unsere Existenz prägt.

Zufall oder nicht?

Machen Ihnen Zufälle auch ab und an zu schaffen? Kein Wunder. Schließlich tragen sie dazu bei, dass unser Leben voller Überraschungen ist. Der Zufall erscheint uns diffus, chaotisch und keinerlei Regeln folgend. Ist er aber nicht. Dieser und andere Irrtümer sind im Umgang mit dem Zufall an der Tagesordnung und Fehleinschätzungen weit verbreitet.

Nehmen wir den sogenannten *Zielscheibenfehler*. Er entsteht, wenn wir bei einer zufälligen Häufung bestimmter Ereignisse fälschlich den Schluss ziehen, dieser Häufung liege eine bestimmte Ursache zugrunde. Dabei beruht sie allein auf zufälligen Schwankungen. Aber was hat dieser Fehlschluss mit Zielscheiben zu tun? Woher kommt die Bezeichnung dieses Denkfehlers?

Sie kommt aus den USA. Dort heißt der Fehler *Texas sharpshooter fallacy*, nach einer Begebenheit mit einem texanischen Revolverhelden. Der ballerte einst aus großer Entfernung wahllos auf eine Scheunenwand. Anschließend pinselte er um die größte Trefferhäufung eine Zielscheibe und fühlte sich als Scharfschütze.

Der *Zielscheibenfehler* wird auch als Cluster- oder Anhäufungs-Fehlschluss bezeichnet. Bei an sich willkürlichen Ereignissen, die durch Zufall ein Cluster bilden, neigen wir Menschen dazu, hinter der Häufung die Wirkung einer Ursache zu vermuten. So, als würden wir beim texanischen Scharfschützen die Häufung der Treffer auf der Zielscheibe mit seiner hohen Treffsicherheit erklären.

Dieser Denkfehler resultiert aus der menschlichen Neigung, überall und in allem nach Mustern Ausschau zu halten. Wobei

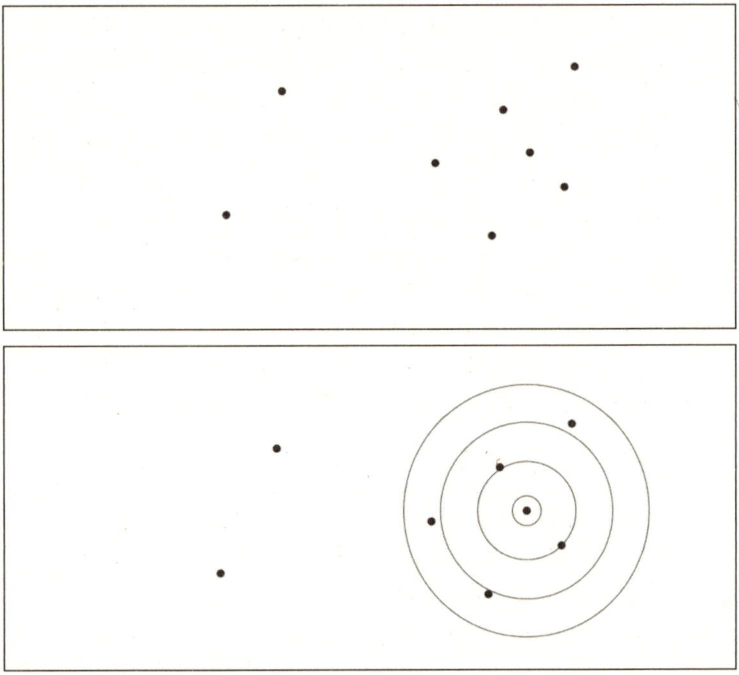

Abb. 1: Wahllose Einschüsse auf einer Scheunenwand und die nachträglich hinzugefügte Zielscheibe

der Begriff des Musters hier in einem sehr weiten Sinn zu verstehen ist und jede Art von Ursache-Wirkungs-Beziehung einschließt.

Unser stark entwickeltes und sehr feinfühliges Sensorium für das Entdecken von Mustern hat einen evolutionsgeschichtlichen Hintergrund. Um seine Umwelt einordnen zu können, war es für das menschliche Gehirn aus Selbsterhaltungsgründen unabdingbar, Regelmäßigkeiten und Zusammenhänge aufzuspüren, also vorhandene Systematiken und alle Spielarten von Mustern zu entdecken.

Warum? Vertraute Muster in einer Sphäre voller Unordnung erleichtern uns die Deutung der Welt und die Orientierung in ihr. Ein Muster erkannt zu haben, erzeugt allein schon deshalb ein gewisses Wohlbehagen, weil es das Gefühl der Hilflosigkeit in einer unübersichtlichen Umwelt abschwächt. Die Mustersuche gehört damit zu unserem archetypischen Verhaltensrepertoire. (Mehr dazu ab Seite 99.)

Die meisten von uns haben die Neigung, stets ein Handy dabeizuhaben. Handys erzeugen bei einem Anruf oder einer Textnachricht ein Geräusch oder eine Vibration. Wenn das Handy in unserer Nähe ist, registrieren wir die Vibration. Erst recht, wenn wir es irgendwo am Körper tragen.
Kurioserweise denken wir manchmal, das Handy vibriert, wenn es das gar nicht tut, oder sogar, wenn wir gar kein Handy bei uns haben. Dabei handelt es sich um das verbreitete Phänomen der *Phantom-Vibration.* Drei Viertel der Menschen der westlichen Welt sind nach Untersuchungen gelegentlich davon betroffen. Auch ich gehöre dazu.
Die Ursache ist leicht zu erklären. Dahinter steckt wieder unsere Tendenz zur Mustersuche. Unser Gehirn ist darauf ausgerichtet, jeden Mix optischer, akustischer und anderer auf uns einströmender Signale nach Gesetzmäßigkeiten abzusuchen. Jede Systematik im weitesten Sinn soll aufgespürt werden, und bei jedem entdeckten Muster werden Endorphine ausgeschüttet. Damit belohnt sich unser Gehirn für das Entdeckte gleichsam selbst. Das ist überlebenswichtig. Nur deshalb gibt es uns noch. Und das ist auch der Grund für unsere mentale Muster-Suchmaschine.
Manchmal schießt sie allerdings über das Ziel hinaus. Doch selbst das ist plausibel. Ein vorhandenes Muster zu versäumen, hat schlimmere Folgen, als ein nicht vorhandenes Muster fälschlich als solches zu deklarieren. Mit anderen Worten: Unsere Mustersuche hat eine beträchtliche Falsch-positiv-Rate. Nicht selten glauben wir, Muster zu erkennen, wo gar keine sind.
Auch Phantom-Vibrationen sind solche falsch-positiven Ereignisse. Da es uns meist wichtig ist, Mitteilungen, die unser Handy erreichen, zeitnah mitzubekommen, ist unsere Wachsamkeit un-

bewusst auf die Signale dieser Mitteilungen gerichtet. Also auf die Vibrationen. Aber manchmal wird dieses Vibrationsgefühl fälschlich durch raschelnde Kleidung oder ein Rumoren im Bauch ausgelöst. Das lässt uns sofort zwecks Überprüfung zum Handy greifen.
Achten Sie doch einmal darauf, ob auch Sie anfällig für solche Phantom-Erlebnisse sind.

Viele menschliche Aktivitäten haben in irgendeiner Form mit Mustern zu tun. Wissenschaftliche Forschung ist sogar in erster Linie Mustersuche. Der Wissenschaft geht es um die Herstellung von Zusammenhängen zwischen den Dingen dieser Welt. Das sind Beziehungsmuster.
Die Leistung des britischen Arztes John Snow (1813 bis 1858) ist bis heute ein Paradebeispiel für eine historisch bedeutsame Mustererkennung. In der Mitte des 19. Jahrhunderts brach im Londoner Stadtteil Soho eine Cholera-Epidemie aus. Damals dachten die Mediziner, die Krankheit werde durch Miasmen, also übel riechende Dünste, verursacht. Heute weiß man, dass verunreinigtes Trinkwasser und mit Erregern infizierte Nahrung Hauptursachen für die Entstehung von Cholera sind.
John Snow kam diesem Zusammenhang 1854 auf die Spur. Seine Methode war einfach. Er trug den Ort jedes bekannt gewordenen Cholera-Todesfalls in eine Karte ein, dazu auch alle Trinkwasserpumpen in Soho. Snows Karte weist eine Konzentration der Todesfälle um die Wasserpumpe in der Broad Street aus. Dieses Cluster lieferte dem Arzt die Hypothese eines Zusammenhangs zwischen den Cholera-Erkrankungen und dem Konsum von Wasser aus dieser Pumpe.

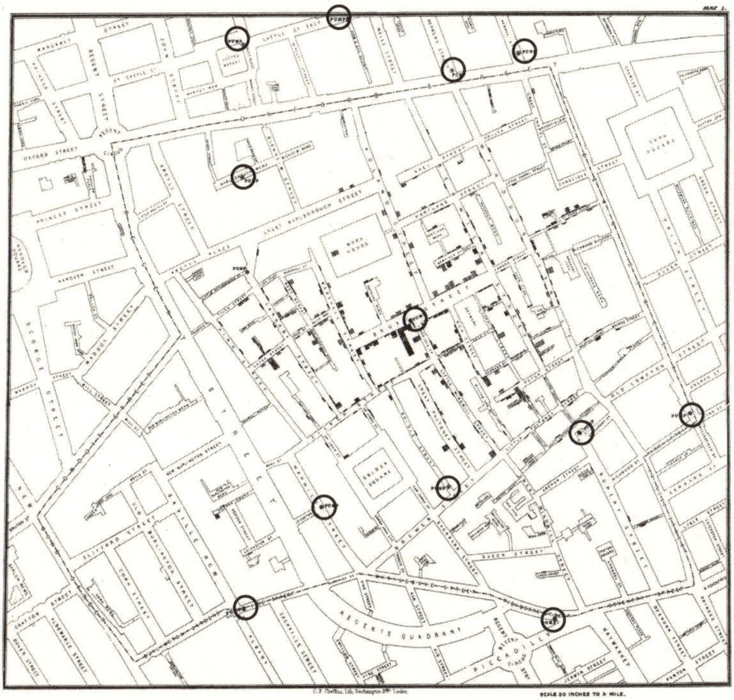

Abb. 2: John Snows Karte der Cholera-Todesfälle in London 1854. Mit **O** *sind die Pumpen markiert, mit* ■ *die Wohnorte der Menschen, die an Cholera starben.*

Allein im September 1854 starben 89 Menschen an Cholera. Von den Toten hatten nur zehn Personen näher an einer anderen als der Broad-Street-Wasserpumpe gewohnt. Ein starkes Indiz!
Seltsam erschien es dem Arzt zunächst, dass nur sechs der 535 Insassen des Gefängnisses erkrankten, dem großen rechteckigen Areal (WORKHOUSE) zwischen Broad Street und Marlborough Street, obwohl es auf drei Seiten von zahlreichen Cholera-Todesfällen nahezu umzingelt war. Snow fand heraus, dass das Gefängnis eine eigene Wasserpumpe hatte und kein Wasser aus der Broad-Street-Pumpe beziehen musste.
Ferner hatten von den zehn zunächst nicht ins Muster passen-

den Cholera-Opfern, die in einer größeren Entfernung zur Pumpe in der Broad Street gelebt hatten, fünf regelmäßig Wasser von dieser Pumpe getrunken. Drei weitere hatten Kinder, die nahe der Pumpe zur Schule gingen.
Die zahlreichen Puzzleteile fügten sich für Snow zu einem stimmigen Gesamtbild. Dabei muss einem klar sein, dass es damals noch keine Epidemiologie gab und niemand zuvor auf die Idee gekommen war, dass verunreinigtes Trinkwasser Cholera verursachen könnte.

In Los Angeles gab es 1976 einen 30-tägigen Ärztestreik. Während des Streiks sank die Sterberate in der Stadt überraschend um 18 Prozent. Auch aus Deutschland gibt es Überraschendes über diesen Berufsstand zu berichten: Bei uns sterben seriösen Schätzungen zufolge jedes Jahr etwa 7000 Menschen an den Folgen unleserlicher ärztlicher Verordnungen.

John Snows akribische Detailarbeit und seine Interpretation der Daten veranlasste die Behörden zu einer umgehenden Schließung der Broad-Street-Pumpe. Eine Woche später klang die Epidemie in diesem Teil der Stadt tatsächlich ab, und es traten weitaus weniger neue Ansteckungen auf. Eine Sternstunde der erfolgreichen Seuchenbekämpfung. Die Epidemiologie war geboren.
Die erfolgreiche Ursachenforschung John Snows bei der Cholera ist ein Beispiel dafür, dass hinter einer Häufung von Krankheitsfällen tatsächlich eine andere Ursache stecken kann als nur zufällige Schwankungen. In diesem Fall der Konsum von verseuchtem Wasser aus einer Pumpe. Es wäre ein Denkfehler gewesen, die Häufung allein dem Zufall zuzuschreiben und sich nicht nach anderen Auslösern umzusehen.
Es gibt Cluster, die sind so ausgeprägt, dass sie auch ohne ausgeklügelte statistische Analysen Ursache-Wirkungs-Zusammenhänge nahelegen. So war beispielsweise die Häufigkeit von

Schilddrüsenkrebs bei Kindern in der Nähe von Tschernobyl nach dem Reaktorunfall von 1986 um etwa das Hundertfache erhöht. Das ist ein eindeutiger Fingerzeig.

Doch muss man bei der Bewertung von Clustern auch Vorsicht walten lassen. Selbst eine lokal erhöhte Zahl von Krebsfällen in einer Region, bis hin zum Fünf- oder Sechsfachen des Durchschnitts, ist nicht ungewöhnlich. Denn bei rein zufälliger Verteilung ist selbst so eine Erhöhung kein seltenes Vorkommnis.

Anders ausgedrückt: Auch eine reine Zufallsverteilung von Krebsfällen in einer Region weist erkennbare Cluster in Teilgebieten auf. Weil nämlich sogar bei einer räumlich völlig willkürlichen Ausstreuung von Punkten, die Fälle von Krankheiten, Unfällen, Verbrechen, Suiziden oder Ähnlichem symbolisieren, bis zu einem gewissen Grad lokale Häufungen auftreten.

Betrachten Sie bitte die Punktverteilungen in Abbildung 3. Ein Punktmuster ist durch eine zufällige Anordnung von 500 Punkten in einem Quadrat zustande gekommen – eine reine Zufallsverteilung ohne Systematik. Das andere Muster wurde nachbearbeitet, um eine Zufallsverteilung vorzutäuschen.

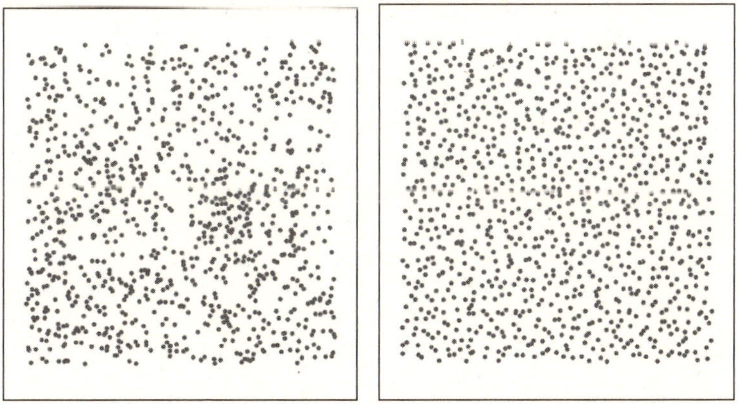

Abb. 3: Zufallspunktmuster – einmal unverändert, einmal nachbearbeitet

Was meinen Sie? Welches ist das zufällige und welches das konstruierte Punktmuster? Inzwischen sind Sie natürlich auf Überraschungen eingestellt. Doch Menschen, die das nicht waren, entschieden sich in einer Studie mit überwältigender Mehrheit für die Abbildung rechts als Zufallsmuster. Doch das ist falsch. Rein zufällig zustande gekommen ist die Punktverteilung links. Die Verteilung rechts entstand dagegen aus einer zufälligen Punktausstreuung durch nachträgliches Beseitigen aller Cluster. Der unverfälschte Zufall verhält sich aber nicht so, sondern weist Häufungsgebiete und punktfreie Bezirke auf – wie in Abbildung 3 links.

Wenn Menschen Cluster in der räumlichen Anordnung sehen, denken die meisten, dafür sei ein Ursache-Wirkungs-Zusammenhang verantwortlich. Sie sind nämlich der Meinung, dass der Zufall unordentlich ist. Falsch gedacht! Eine vollständige mathematische Unordnung gibt es nicht. Aufgrund von Zufallsschwankungen kommt es lokal und regional punktuell immer zu einer Häufung von Ereignissen. Das ist unbedingt zu bedenken, wenn Daten interpretiert werden. Tut man es nicht, zieht man die falschen Schlüsse.

> Im Januar 2005 brachte Apple den Musik-Player *iPod Shuffle* heraus, der Songs in der Playlist nach dem Zufallsprinzip abspielte. Dabei kam es natürlich bisweilen vor, dass derselbe Song gleich noch einmal gespielt wurde. Das führte zu zahlreichen Beschwerden. Apple programmierte diese Funktion schließlich so um, dass eine Dopplung von Songs nicht mehr vorkam. Damit gehorchte die Reihenfolge zwar nicht mehr dem Zufallsprinzip, sie fühlte sich aber »zufälliger« an. Die gefühlte Zufälligkeit wurde bevorzugt.

Auch ein so lapidarer Vorgang wie das wiederholte Werfen einer Münze kann zum schon bekannten *Zielscheibenfehler* führen. Vielleicht ist Ihr Forschertrieb groß genug, das selbst auszuprobieren. Sie werden feststellen, dass der Zufall auf andere Art zufällig ist, als Sie erwarten.

Werfen Sie eine Münze immer und immer wieder. Eine halbe Stunde lang, wenn Sie das aushalten. Fortgeschrittene können ein kleines Computerprogramm schreiben, das das für sie erledigt. In dieser Serie von Würfen tritt höchstwahrscheinlich ein Teilstück von sechs aufeinanderfolgenden gleichen Ereignissen auf. Also sechsmal Kopf oder sechsmal Zahl. Auch lange, abwechselnde Abläufe, wie Kopf, Zahl, Kopf, Zahl, Kopf, und ein paar andere auffallende Muster dürften Ihnen ins Auge stechen. Kurzum, wer den Zufall seine Arbeit tun lässt, wird feststellen, dass unweigerlich Cluster und Muster auftreten. Greift man diese später isoliert heraus und deutet sie als Zeichen für einen nicht zufälligen, systematischen Effekt, begeht man den *Zielscheibenfehler*.

Zur Verdeutlichung ein tragisches Beispiel, das Bombardement von London durch Nazi-Deutschland im Zweiten Weltkrieg. Dabei wurde ein Gebiet im Süden der englischen Hauptstadt durch eine lange Serie von Luftangriffen bombardiert. Es fielen 537 Bomben.

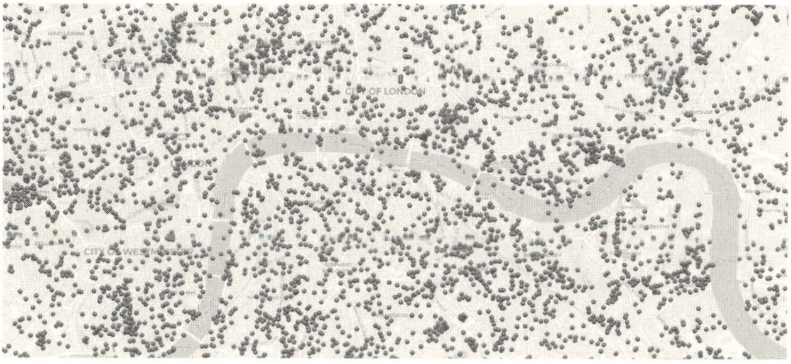

Abb. 4: Einschlagpunkte beim Bombardement Londons durch deutsche Kampfflieger im Zweiten Weltkrieg

Die britischen Militärs bemühten sich, das Muster hinter dem Bombardement zu ergründen, da sie nicht an eine willkürliche Verteilung der Bombeneinschläge glaubten. Sie vermuteten eine höhere Logik und nahmen an, dass die Wahl der Ziele einem Grundprinzip folgte. Auch die Einwohner waren dieser Meinung.

Nach dem Krieg nahmen Wissenschaftler eine statistische Analyse vor. Dabei wurde der betroffene südliche Teil der Stadt durch ein Gitternetz in 576 quadratische Bezirke eingeteilt. Die Seitenlänge dieser Quadrate betrug 1 km. Anschließend wurden die Anzahlen der Bezirke mit 0, 1, 2, 3, 4, 5 oder mehr Einschlägen ermittelt. Diese Daten sind in Tabelle 1 (siehe unten) in der zweiten Zeile erfasst.

Außerdem enthält die Tabelle in der dritten Zeile die Zahlen, die bei ganz wahllosem Abwurf über den 576 Quadraten zu erwarten gewesen wären. Diese Zahlen konnten mithilfe der Wahrscheinlichkeitstheorie errechnet werden.

Zahl der Einschläge	0	1	2	3	4	5+
Tatsächliche Anzahl	229	211	93	35	7	1
Erwartete Anzahl bei Zufallsverteilung	227	211	98	31	7	2

Tabelle 1: Bombenabwürfe auf London im Zweiten Weltkrieg. Tatsächliche Anzahl von Bezirken mit gegebener Trefferzahl sowie die zu erwartende Anzahl bei zufälligen Treffern

Die Übereinstimmungen zwischen tatsächlicher und errechneter Zahlenreihe sind frappierend. Die Zahlen weichen nur wenig voneinander ab. Alle Spekulationen über vorhandene Muster werden dadurch widerlegt. Eine besondere Systematik bei den Abwürfen hat es also nicht gegeben. Alle Indizien deuten auf eine zufällige Verteilung der Abwürfe hin. Das wird auch durch historische Dokumente bestätigt, die nach dem Krieg in Archiven auftauchten.

Es ist bemerkenswert, dass die meisten Menschen, die sich das Punktmuster in Abbildung 4 ansehen, dennoch nicht an Willkür glauben. Sie beurteilen das Bombardement nicht als wahllose Bombenabwürfe über dem Stadtgebiet. Vielmehr meinen sie, dass die Einschlagspunkte eine Tendenz zur Clusterbildung in ausgewählten Bezirken erkennen lassen.

Eine Gedankenleserin. Eine Maschine, die Gedanken liest, wurde um 1950 vom Mathematiker Claude Shannon an der Universität Princeton konstruiert. Menschen konnten in einem Spiel gegen die Maschine antreten: Sie sagten *Kopf* oder *Zahl*. Die Maschine versuchte vorherzusagen, was der Mensch sagen würde. Lag sie richtig, bekam sie einen Punkt. Lag sie falsch, ging der Punkt an den Menschen. Das Spiel Mensch gegen Maschine endete, wenn eine der beiden Seiten 50 Punkte erreichte.
Die beste Strategie für den Menschen besteht darin, *Kopf* oder *Zahl* in zufälliger Abfolge zu nennen. Das ist leichter gesagt als getan. Ohne einen Helfer, etwa eine Münze, geht das nicht. Denn auf sich allein gestellt bauen Menschen unweigerlich Muster in die Abfolge ein. Die Maschine erkennt diese Muster und schlachtet sie dann gnadenlos für ihre Vorhersagen aus. Mit zunehmender Spiellänge wachsen die Erfahrungswerte, auf die sich die Maschine stützen kann. Entsprechend wird die Wahrscheinlichkeit immer größer, dass die Maschine richtigliegt und den Menschen abhängt.
Das Erfolgsrezept hinter dieser maschinellen »Hellseherei« ist denkbar einfach. Die Maschine zerlegt die Abfolge der Spielzüge in acht Grundsituationen. Eine besteht darin, dass der Mensch zweimal hintereinander gewonnen hat, und zwar mit derselben Wahl. Was wird er als Nächstes tun? Noch mal dieselbe Wahl treffen oder wechseln?
Die Maschine merkt sich also, was der Mensch tut. Und zwar speichert sie für jede der acht Grundsituationen ab, wie der Mensch in den letzten beiden Fällen des Auftretens weitergespielt hat. Tat er beide Male dasselbe, dann sagt sie vorher, dass er auch beim nächsten Mal in derselben Situation wieder so vorgehen wird. Verhielt er sich anders, bemüht die Maschine für ihre

Vorhersage einen Zufallsgenerator. Dieser kommt auch ganz am Anfang des Spiels zum Einsatz, bis die Maschine ein Muster im menschlichen Spiel entdeckt hat.

Einige der schlauesten Köpfe, die in den 1950er-Jahren an der Universität Princeton lehrten oder zu Gast waren, spielten gegen die Maschine. Ohne Erfolg. Und das, obwohl man ihnen vorab die Funktionsweise erklärt hatte. Einem Erfolg noch am nächsten kam derjenige, der sich insgeheim zufällige Fragen stellte. Habe ich heute länger als 30 Minuten zur Arbeit gebraucht? Bin ich gestern vor acht Uhr aufgewacht? Hat meine Frau letztes Jahr ihren Geburtstag gefeiert? Regnet es gerade? Das Ja oder Nein der Antworten wurde in *Kopf* oder *Zahl* übersetzt.

Mit der Zeit entstand ein regelrechter Kult um die Maschine. So trat auch der berühmte Mathematiker Fritz Hirzebruch bei einem Besuch in Princeton gegen sie an. Er gewann die ersten 13 Runden. Hatte die Maschine ihren Meister gefunden? Keineswegs. Die Maschine gewann die 14. Runde. Und von den nächsten 17 Runden verlor sie nur eine einzige. Damit lag sie vorne. Diese Führung gab sie nicht mehr ab.

Der Einzige, der tatsächlich gegen die Maschine gewinnen konnte, war ihr Schöpfer Claude Shannon, was seinen schon damals legendären Ruf in der Wissenschaftsszene noch unterstrich.

Fazit: Menschen sind schlechte Zufallsgeneratoren. Selbst wenn sie wollen, können sie sich nicht zufällig verhalten.

Der Zufall per se beinhaltet also ein gewisses Maß von örtlichen Häufungen. Betrachten wir noch einmal das Bombardement Londons. Bei nicht zufallsbedingter, sondern überzufällig starker Clusterbildung gäbe es weitaus mehr Bezirke mit 4 oder mehr Einschlägen, als es sie in Wirklichkeit gab. Dementsprechend wäre auch eine größere Zahl von Bezirken ganz ohne jegliche Einschläge davongekommen. Der mittlere Bereich mit 1, 2 oder 3 Einschlägen wäre dann gegenüber der reinen Zufallsverteilung deutlich unterrepräsentiert.

So erweist sich diese schreckliche Begebenheit wenigstens als lehrreiches Beispiel. Nämlich dafür, dass dem ungeübten Auge der reine Zufall bisweilen so erscheint, als besitze er einen gewissen Grad systematischer Ereignishäufung und Regularität.
Was daraus folgt? Selbst der Zufall erscheint nicht immer zufällig. Das Original wird oft nicht als solches erkannt.

> Claude Shannons Maschine war in den 1950er-Jahren eine Attraktion. Heute ist es gang und gäbe, unser Verhalten vorherzusagen, besonders im Bereich des persönlichen Konsums. Sie haben kürzlich über ein neues Fahrrad nachgedacht und schon trudeln übers Netz Angebote bei Ihnen ein? Das ist kein Zufall. In Zeiten von Online-Einkäufen und sozialen Medien sind Kundendaten für die Firmen bares Geld und stellen einen unermesslichen Wert dar. Man sollte deswegen persönliche Informationen nie leichtfertig aus der Hand geben.

Wir haben also gesehen, dass der Zufall eine große Rolle in unserem Leben spielt. Zu seinen Spezialitäten gehört es, vermeintliche Häufungen und Muster zu erzeugen und aus dem Hintergrundrauschen herauszuheben.
Um die Welt besser zu verstehen, ist es nötig, die tatsächlich bestehenden Ursache-Wirkungs-Zusammenhänge innerhalb eines Ozeans voller Zufallserscheinungen zu entdecken. Vieles, was wir beobachten, ist tatsächlich nur durch Zufall so. Anderes hat eine Systematik als Auslöser. Deswegen brauchen wir Methoden, um in den unterschiedlichsten Situationen das Systematische innerhalb des Zufälligen zu finden.
Dabei hilft uns die Kunst der Statistik. Mit ihrer Hilfe können wir willkürlichem Geschehen tatsächliche Beziehungen und funktionierende Faustregeln abringen.

Vom Zufall zur Faustregel

Deutschland ist ein Land, in dem viel genormt ist. Genauer gesagt, DIN-genormt. DIN steht für *Deutsche Industrie-Norm*. Die erste DIN-Norm gab es im Jahr 1918. Schon zehn Jahre später waren es mehr als 3000. Heute leben wir mit 34 500 DIN-Normen.

Die berühmteste aller Normen bezieht sich auf Papier. DIN A4 kennt jeder. Das ist ein Bogen Standardpapier. Die Norm legt seine Maße fest. Eine Norm wie DIN 820 ist dagegen kaum bekannt. Dabei ist sie sehr wichtig. Sie wurde im Jahr 1923 kreiert. Damals kam jemand auf die Idee, den Vorgang des Normens selbst zu normen. Genau das tut die DIN 820. Es ist eine Norm, die normt, wie man richtig normt. Sie regelt die Grundsätze der gesamten offiziellen Normungsarbeit in Deutschland.

Beim Schreiben habe ich mich gefragt, ob es eigentlich auch eine Norm für Faustregeln gibt. Denn das ist insofern für unsere Zwecke wichtig, da Faustregeln in diesem Buch die Hauptrolle spielen. Faustregeln für fast alle Fälle. Eine Recherche im Internet zeigt mir jedoch, dass Faustregeln nicht genormt sind. Jedenfalls konnte ich keine Norm entdecken.

Nötig ist eine solche Norm nicht. Doch wenn schon keine Norm, dann zumindest eine Faustregel für Faustregeln. Und hier ist sie: Eine Faustregel ist eine Richtschnur, die ungefähr in vier von fünf Fällen richtig ist. Das gilt auch für diese Faustregel.

Und jetzt geht's los! Steigen wir ein in die wunderbare Welt der nützlichen Faustregeln.

Was hilft beim richtigen Schätzen?

In der Medizin vertrauen wir, wenn es wichtig wird, nicht nur der Meinung eines Arztes, sondern holen eine zweite Meinung ein. Jedenfalls, wenn wir schlau sind. Und das sollten wir besonders in wichtigen Gesundheitsdingen sein. Das Prinzip von der zweiten Meinung lässt sich aber noch viel weitreichender nutzen. Selbst wenn gerade gar kein zweiter Kopf zum Mitdenken verfügbar ist. Nehmen Sie doch Ihren eigenen Kopf. Wenn Sie zum Beispiel etwas einschätzen oder abschätzen wollen, dann schätzen Sie nicht nur einmal, sondern zweimal. Damit die Sache einen Mehrwert hat, sollten Sie bei der zweiten Schätzung Ihre Prämissen ins Gegenteil ändern. Das ist die Methode mit dem bösen Zwilling.

Dazu ein flüssiges Beispiel. Angenommen, in einem Gespräch wird die Frage aufgeworfen, wie viele Liter Bier pro Jahr in Deutschland getrunken werden. Sie schätzen die Zahl der Deutschen auf 100 Millionen. Und schätzen weiter, dass im Schnitt jeder Deutsche einen jährlichen Konsum von 100 Litern Bier hat. Die Multiplikation dieser beiden Zahlen führt zu zehn Milliarden getrunkenen Litern. Das ist eine seriöse Schätzung und insofern eine Duftmarke. Sie bildet sozusagen die erste Meinung. Jetzt tritt der böse Zwilling in Erscheinung und kontert. »100 Millionen Deutsche ist viel zu hoch gegriffen. Ich schätze, es sind etwa 70 Millionen. Und 100 Liter pro Person sind zu viel. Das sind eher 80 Liter. Im Ergebnis sind das knapp sechs Milliarden Liter Bier pro Jahr.«

Jetzt haben wir zwei Zahlenwerte. Einen Daten-Schwarm, wenn auch den kleinstmöglichen. Selbst mit diesem kleinen Schwarm werden wir schwarmintelligent. Wir bilden aus beiden Schätzwerten den Mittelwert. Der liegt bei acht Milliarden Liter. Als krönender Abschluss unseres Gedankengangs bildet dieser Zahlenwert unsere abschließende Antwort auf die Ausgangsfrage.

Und was sagt die Wirklichkeit dazu? Ganz einfach: »2018 wurden in Deutschland 8,46 Milliarden Liter Bier verkauft«, informiert die seriöse Statistik-Webseite statista.com.
Bingo! Unsere Antwort war also völlig richtig. Und sie wurde mit einfachsten Mitteln erhoben, als Mittelwert zweier Einschätzungen.
Diese Methode vom bösen Zwilling beruht auf der ins Quantitative übertragenen Dialektik des Philosophen Georg Wilhelm Friedrich Hegel (1770 bis 1831). Durch eine Synthese von These und Antithese wird der Erkenntnisprozess auf eine neue Ebene gebracht.
Noch viel früher als der deutsche Philosoph war allerdings bereits Aristoteles der Meinung, dass jede Wahrheit in der Mitte zwischen zwei fehlerbehafteten Extremen liegt. Durch den Übergang von den beiden Meinungen zur Zwischensituation kommen wir ihr näher.

Wie lebt man länger?

Sie sind männlich, Single und möchten gern länger leben? Dann habe ich etwas für Sie.
Haben Sie schon mal dran gedacht zu heiraten? Indem Sie Ihr Jawort geben, gewinnen Sie als Mann neun zusätzliche Jahre gegenüber Männern, die unverheiratet durchs Leben gehen. Verheiratete Männer rauchen weniger, trinken weniger Alkohol, arbeiten etwas mehr, ernähren sich gesünder und betreiben riskante Aktivitäten seltener als Singles. Jedenfalls im Schnitt. Zudem gibt es da jemanden, der sich um sie kümmert.
Bei verheirateten Frauen beträgt der positive Effekt einer Heirat immerhin noch sechs Jahre. Auch nicht schlecht!
Bevor Sie nun rufen: »Unfair!«, bedenken Sie bitte, dass Frauen

per se im Durchschnitt rund drei Jahre länger leben als Männer. Einfach, weil sie Frauen sind.
Durchs Heiraten können Männer in diesem Sinne einen statistischen Ausgleich erzielen, der auf ein ähnlich langes Leben hoffen ließe. Wäre da nicht die ebenfalls gesicherte Tatsache, dass Männer im Mittel drei Jahre jüngere Frauen heiraten. Also Frauen im Schnitt drei Jahre ältere Männer bevorzugen.
Rezepte für ein längeres Leben gibt es viele. Doch sie haben bei Weitem nicht denselben deutlichen Effekt wie eine Eheschließung. Trotzdem sind sie statistisch hochsignifikant. Beispiele gefällig?
Wer in einem Haus oben wohnt, lebt länger als die Bewohner im Erdgeschoss. Wer eine Wohnung besitzt, lebt wiederum länger als Menschen in Mietverhältnissen. Auch viel zu lachen wirkt lebensverlängernd. Oder der Gewinn eines *Oscars*.
Oder denken Sie vielleicht an Körperertüchtigung? Ja, wie ist es mit Sport? Natürlich gibt es genügend Mitmenschen, die finden, Sport ist Mord. Dass körperliche Aktivität über die Jahre einen schnelleren Verschleiß des Körpers herbeiführt. Dem ist aber nicht so. Der Grund ist einfach: Sobald wir uns sportlich betätigen, startet unser Körper Selbsterneuerungsprogramme für seine beanspruchten Zellen. Die verjüngen unseren Zellbestand effektiv. Man kann das statistisch beziffern. Wer eine Stunde moderat Sport treibt, verlängert sein Leben um zwei Stunden. Wenn Sie also 50 Jahre lang jeden Tag eine Stunde Sport machen, bringt Ihnen das vier Jahre zusätzliche Lebenszeit. Wobei Sie allerdings in diesen 50 Jahren zwei ganze Jahre mit Sport verbracht haben. Suchen Sie sich also etwas, das Ihnen Spaß macht!

Wie bleibe ich glücklich?

Wer lässt sich schon gerne stören? Noch dazu bei einer angenehmen Tätigkeit. Oder wenn man glücklich ist. Doch gerade dann sollten Sie für eine Störung dankbar sein. Warum? Weil eine Unterbrechung den unweigerlich einsetzenden Gewöhnungseffekt mindert, die Habituation, wie Psychologen das nennen. Nach der Unterbrechung kehren wir viel freudiger und mit größerem Glücksgefühl zur gefälligen Aktivität zurück.

Störungen beim Glücklichsein sind also in den meisten Fällen nicht schlimm. Allerdings gibt es auch hier Ausnahmefälle. Dazu ein Beispiel aus dem Leben von Samuel Taylor Coleridge (1772 bis 1834). Er war ein bekannter englischer Dichter in der Epoche der Romantik. Als eines seiner berühmtesten Gedichte gilt *Kubla Khan*. Die Entstehungsgeschichte dieses Werks ist ungewöhnlich. Coleridge nahm zeitweise Drogen und war über längere Phasen von Opium abhängig. An einem Abend im Jahr 1797 fiel er nach einem Opium-Exzess in den Tiefschlaf und erwachte spät am nächsten Vormittag mitten in einem Traum, an den er sich detailliert erinnerte. Er hatte einige Hundert Zeilen eines Gedichts geträumt. Sofort setzte er sich an seinen Schreibtisch und begann im Glücksrausch, sein geträumtes Gedicht auf Papier festzuhalten. Nach dreißig Zeilen wurde er durch »einen Mann aus Porlock« unterbrochen, wie er ihn später lapidar beschrieb.

Dieser Besucher verwickelte Coleridge für etwa eine Stunde in ein unwillkommenes Gespräch und hielt ihn vom Schreiben ab. Als der Besucher sich verabschiedet hatte, widmete sich Coleridge wieder dem geträumten Gedicht. Zu seinem Entsetzen musste er aber feststellen, dass fast der gesamte Rest des Traums aus seiner Erinnerung gelöscht worden war. Er schaffte es nur, sich an etwa 20 weitere Verse zu erinnern. Statt einiger Hundert umfasst *Kubla Khan* deshalb nur 52 Zeilen. Für den Dichter und

seine Dichtung war die Unterbrechung alles andere als Glück bringend.
Doch im Allgemeinen gilt die Faustregel, dass unterbrochenes Glück die Glückskurve hebt.
Es gibt daneben noch eine Faustregel, die sich aus dem Umkehrschluss ergibt. Lassen Sie sich bei unangenehmen Tätigkeiten nicht unterbrechen. Ziehen Sie Unerquickliches nach Möglichkeit auf einen Rutsch durch. Denn der Gewöhnungseffekt wirkt sich nun zu Ihren Gunsten aus. Auf der Gefühlsebene wird das Unbefriedigende nach einer Weile viel weniger schlimm erscheinen.

Wer wird Deutscher Fußballmeister?

Fußball ist ein Spiel. Manchmal wird gesagt, es sei *nur* ein Spiel. Das aber ist eine Untertreibung. »Fußball ist unser Leben«, sang schon vor 50 Jahren die deutsche Fußballnationalmannschaft. Für Spitzenprofis ist eine solche Einschätzung natürlich nachvollziehbar. Doch auch viele Fans denken, dass ein Leben ohne Fußball zwar möglich, aber sinnlos ist. Dabei gab es einmal eine Welt ohne Fußball. Sogar noch vor 150 Jahren. Das Fußballspiel entstand erst um 1870 in Großbritannien als sportive Freizeitbeschäftigung zur Leibesertüchtigung von Internatsschülern. Seither hat es Einzug in alle Kulturen gehalten. Nach aktuellen Schätzungen kicken rund 300 Millionen Menschen regelmäßig. Und weit mehr sind in irgendeiner Form an Fußball interessiert, meist als Zuschauer. Was macht die Faszination dieses Spiels aus?
Zum einen ist es seine Einfachheit. Fußball stellt nur geringe Anforderungen an Ausrüstung und Vorbereitung. Die Grundregeln sind für jeden verständlich und einleuchtend. Zum anderen bietet es auf begrenztem Raum mit begrenztem Personal so vielschichtige Erfahrungen, dass es in symbolischer Form viele Grundaspekte unserer Existenz widerspiegelt. Es ist ein Abbild

des Lebens, bietet uns Höhen und Tiefen, Erfolge und Misserfolge, Glück und Pech, starke Emotionen und viel nicht Vorhersehbares.

»Fußball ist unberechenbar«, sagte einst der erste Bundestrainer Sepp Herberger. Ein Aspekt davon ist, dass relativ viele Außenseitersiege vorkommen. Das liegt an dem großen Zufallsanteil beim Spielerfolg. Nach Untersuchungen sind knapp die Hälfte aller Tore zufallsabhängig. Mehr darüber im Abschnitt »Wie kommen Rekorde und Siege zustande?« auf Seite 131.

Bei Handball und Tennis spielt der Zufall eine viel geringere Rolle. Hat ein Spieler Aufschlag, gewinnt er mit großer Wahrscheinlichkeit den Punkt. Ist ein Handballteam in Ballbesitz, erzielt es mit großer Wahrscheinlichkeit ein Tor. Fußball dagegen ist weit weniger berechenbar. Und wenn ein einzelner Spielzug im Fußball unberechenbar ist, dann wohl erst recht ein ganzes Spiel oder gar eine ganze Saison, oder? Nein, das ist ein Trugschluss. In der Realität kommt es vor, dass sich sehr viele einzelne Zufälle in ihrer Gesamtheit teilweise auslöschen. In der Tat tritt dieser eigenartige Fall auch beim Fußball auf. So lässt sich beispielsweise in der Fußballbundesliga die Abschlusstabelle am Saisonende bereits zu Anfang der Saison vorhersagen!

Wie bitte? Wie kann das sein? Zwischen Saisonanfang und -ende liegen 34 Spieltage mit 306 Spielen aus 90 heiß umkämpften Minuten plus weiteren, oft noch heißer umkämpften Momenten der Nachspielzeit. Jede der unzähligen Einzelaktionen auf dem Feld ist gespickt mit Können und Versagen, mit Fußballglück und -pech. Eine ganze Saison beinhaltet zigtausend Schiedsrichterentscheidungen und Fehlentscheidungen. Sie umfasst Last-Minute-Tore, Glückstore, Eigentore, Abstaubertore, Kontertore, Elfmetertore oder auch mal gar kein Tor. Eine Saison ist ein hochkomplexer Ablauf mit unermesslichen Unwägbarkeiten. Dennoch gibt es ein messbares Kriterium, das sich statistisch als zuverlässig genug erweist, um die Abschlusstabelle der Saison schon vor dem ersten Anpfiff recht zuverlässig vorherzusagen.

Bedeutet das, dass ein einziger Gesichtspunkt vor der Saison in enger Beziehung mit der Platzierung aller Mannschaften nach 306 Rasenschlachten steht? Ja, so ist es!
Sie denken wahrscheinlich, Sie hätten sich verlesen oder ich hätte mich verschrieben. Dem ist nicht so. Das erwähnte Kriterium ist der durchschnittliche Marktwert aller Spieler einer Mannschaft. Listet man vor Saisonbeginn die Mannschaften in der Liga nach dem durchschnittlichen Marktwert ihrer Spieler auf und vergleicht das Ergebnis mit der Abschlusstabelle am Saisonende neun Monate später, so ergibt sich überraschenderweise ein sehr ähnlicher Verlauf beider Ranglisten.
Mathematiker messen den Grad der Ähnlichkeit zweier Ranglisten mit dem *Korrelationswert.* Dieser liegt immer zwischen –1 und +1. Für die genannten Ranglisten ergibt sich rechnerisch der hohe Korrelationswert von 0,8. Das ist eine sehr hohe Übereinstimmung. Mathematisch bedeutet dies, dass bei etwa 14 von 18 Mannschaften der Unterschied zwischen beiden Ranglistenplätzen nur höchstens 2 Plätze beträgt.
Was leiten wir daraus ab? Nennen wir es das Geld-schießt-Tore-Prinzip im Fußball. Der Erfolg der Marktwertmethode bei der Saisonvorhersage zeigt, dass dieses Prinzip im Fußball gültig ist. Prüfen wir das an einem zufällig ausgewählten Beispiel, der Saison 2007/2008. Mit den Marktwerten zu Saisonbeginn können sowohl vier der fünf Erstplatzierten als auch zwei der drei Tabellenletzten richtig vorhergesagt werden. Fantastisch, oder?
Diese Regel belegt also, dass die mitunter extrem hohen Transfersummen der Spieler offenbar berechtigt sind. Denn die Daten beweisen, dass diese Summen ein guter Indikator für die Spielstärke einer Mannschaft sind.
Man kann wohl sagen, wir haben den Fußballgott durchschaut. Er ist scheinbar ein Stück weit Materialist und orientiert sich am schnöden Mammon. Geld schießt die Tore im Fußball!

Wo und wie spielt die Größe eine Rolle?

Alle vier Jahre findet in den USA ein beispielloses Spektakel statt. Die Rede ist von den Präsidentschaftswahlen. Die Wahlkämpfe sind eine Materialschlacht, die nicht nur viele Milliarden Dollar verschlingt, sondern auch Ressourcen, Energien, Gedanken, Emotionen bindet. Außerdem nimmt sie die Zeit vieler Millionen Menschen in Anspruch. Kandidierende und freiwillige Helfer, Werbeprofis und Plakatiertrupps, Spender und Wähler, Fernsehzuschauer, Meinungsführer, Journalisten und Sicherheitskräfte. Praktisch jeder Einwohner des Landes ist in irgendeiner Weise betroffen.

Überflüssig zu sagen, dass der Rest der politischen Aktivitäten fast zum Erliegen kommt und auch das kulturelle Leben von der großen Politshow dominiert wird. Jeder Wahlkampf führt zu einer Polarisierung der amerikanischen Gesellschaft. Am Ende dieses titanischen Tauziehens steht der Mensch fest, der ins Weiße Haus einzieht.

Interessant wäre doch zu wissen, wer das am Ende sein mag. Bevor der Wahlkampf beginnt. Kann es sein, dass Sie gerade: »Unmöglich!«, gedacht haben? Ich erlaube mir zu widersprechen. Den Gewinner der Wahl kann man natürlich nicht mit hundertprozentiger Sicherheit vorhersagen, aber zumindest mit sehr hoher Zuverlässigkeit.

Es gibt nämlich ein einfaches Merkmal, das eine hohe Trefferquote hat, die Körpergröße der Kandidaten. Betrachtet man die letzten 30 Wahlen, so gewann in 90 Prozent der Fälle der größere Kandidat, sofern es einen merklichen Unterschied in der Körpergröße gab. Bei ungefähr bis auf ein oder zwei Zentimeter gleich großen Kandidaten war es ein offenes Rennen, bei dem Größe keine Rolle spielte.

Außerdem höchst bemerkenswert: Von den 46 bisherigen US-Präsidenten lagen nur fünf mit ihrer Größe unter dem männlichen Bevölkerungsdurchschnitt zur Zeit ihres Amtsantritts. Man muss bis ins Jahr 1896 zurückgehen, um auf den letzten unterdurchschnittlich großen Präsidenten zu treffen. Das war William McKinley, der wegen seiner eins achtundsechzig von seinen Gegnern und der Presse als *little boy*, also als kleiner Junge, tituliert wurde.

Größe ist in vielen Bereichen ein nicht zu unterschätzender Faktor. Das gilt nicht nur für Menschen, die das höchste Staatsamt in den USA anstreben. Zumindest für Männer. Für Frauen gibt es leider keine Studien.

So wurde beispielsweise eine zwar geringe, aber doch merkliche Beziehung zwischen der Führungsposition in einer Gruppe und der Körpergröße festgestellt. Rund 90 Prozent der Vorstandsvorsitzenden der Unternehmen auf der aktuellen Forbes-500-Liste sind überdurchschnittlich groß. Die Macht ist mit ihnen, ihr Wille geschieht.

Außerdem zahlt sich Größe im wahrsten Sinne des Wortes aus. Große Männer verdienen mehr. Im Schnitt ergibt ein Zentimeter zusätzliche Körpergröße ein Plus beim Nettolohn von 0,7 Prozent. Das gilt bis zu einem Gardemaß von 1,91 Metern. Ab da kehrt sich der Trend statistisch wieder um. Ausnahmen wie Dirk Nowitzki zum Trotz. Bei Wahlen und in der Wirtschaft wird also Größe offensichtlich honoriert. Doch wenigstens sorgt die Biologie für einen Ausgleich. Kleine Männer leben im Schnitt länger als große.

Halten wir fest: Größe zählt!

Wie muss man weniger bedauern?

Je ne regrette rien. – Ich bedauere nichts, heißt es in einem berühmten Chanson der französischen Sängerin Edith Piaf (1915 bis 1963). Das können nicht alle Menschen von sich sagen. Meist ist sogar das Gegenteil richtig.

Von vielen anderslautenden Erfahrungen berichtet nämlich eine australische Krankenschwester, die jahrelang Sterbende in den letzten Wochen ihres Lebens betreut hat. Diese Menschen bedauerten sehr viel. Besonders bedauerten sie die Dinge, die sie nicht getan hatten. »Ich wünschte, ich hätte …«, war ein häufiger Satzanfang bei den Schilderungen auf dem Sterbebett.

Ganz oben auf der Liste des Bedauerns stand bei diesen Menschen, dass sie nicht den Mut aufgebracht hatten, ihr eigenes Leben zu leben und sich selbst treu zu bleiben. Dass sie so gelebt hatten, wie andere es von ihnen erwarteten. So konnten die allermeisten nicht einmal einen Teil der Träume ihrer Jugend in die Wirklichkeit umsetzen.

Alle von der Krankenschwester betreuten Männer sowie einige der Frauen bedauerten ferner, sich nicht genug Freizeit gegönnt, sondern zu viel gearbeitet zu haben. Den Grund sahen sie in dem Druck, möglichst viel Geld zu verdienen. Ein Motiv, das in kapitalistisch geprägten Gesellschaften der westlichen Welt weit verbreitet ist. Viele bedauerten ferner, dass sie den Kontakt zu ihren Freunden nicht aufrechterhalten oder vernachlässigt hatten.

Schließlich und nicht zuletzt bereuten die meisten, dass sie sich selbst nicht mehr Freude gegönnt und sich nur selten erlaubt hatten, glücklich zu sein. Erst am Lebensende wurde ihnen bewusst, dass jeder Mensch selbst zu einem großen Teil zu seinem Glück oder Unglück beiträgt. Eine späte, aber außerordentlich wichtige Erkenntnis. Sie hätten glücklicher sein können, wenn sie nur gewollt hätten.

Von diesen Erfahrungen mit Sterbenden lässt sich einiges lernen. Zum Beispiel, dass es ratsam ist, seine Entscheidungen so zu treffen, dass am Ende des Lebens in der Rückschau möglichst wenig bedauert werden muss.

Glücklicherweise können Sie bereits in der Gegenwart Entscheidungen nach dem *Wert des geringsten Bedauerns* treffen. Dieses Prinzip ist sogar in die Verhaltensökonomie eingegangen. Dort wird es als *Savage-Niehans-Regel* bezeichnet. Folgt man dieser Regel, so wird bei mehreren zur Verfügung stehenden Verhaltensoptionen diejenige Alternative gewählt, bei der das Bedauern sich am meisten in Grenzen hält.

Der Regel liegt zugrunde, was der Entscheidungsträger bei seinen diversen Alternativen an möglichen Gewinnen – materiellen und ideellen – einbüßen könnte. Damit knüpft sie an das gängige psychologische Muster an, dass viele Menschen *verpasste* Gewinne mehr bedauern, als sie sich über *eingetretene* Gewinne freuen.

Nennen wir das, was dem Entscheidenden entgeht, den *Schaden* oder, wenn eine Zahl daran geheftet werden kann, den *Wert des Bedauerns.* Wissenschaftlich spricht man in diesem Zusammenhang auch im Deutschen von *Regret.*

Die Savage-Niehans-Regel empfiehlt, diejenige Verhaltensvariante umzusetzen, bei der der Regret am kleinsten ist. Das hört sich kompliziert an, ist aber ganz einfach. Dazu ein Beispiel.

Sie möchten an einer Lotterie teilnehmen. Zwei Lotterien stehen zur Auswahl. Bei beiden kostet ein Los fünf Euro. Die möglichen Gewinne sind aber unterschiedlich.

Bei Lotterie A gibt es 99 Trostpreise von je 1 Euro und 1 Hauptgewinn von 201 Euro. Bei Lotterie B gibt es 99 Trostpreise von je 3 Euro und 1 Hauptgewinn von 103 Euro.

Sie überlegen, bei welcher Lotterie Sie ein Los kaufen sollen. Sie denken: Wenn ich einen Trostpreis erhalte, bekomme ich bei Lotterie A nur 1 Euro, bei Lotterie B aber 3 Euro. Mein Wert des Bedauerns wäre bei Lotterie A somit

3 − 1 = 2 Euro und 0 Euro, falls ich mich für Lotterie B entschieden hätte.

Wenn ich dagegen den Hauptpreis gewinne, ist mein Wert des Bedauerns bei Lotterie B 201 − 103 = 98 Euro und bei Lotterie A natürlich 0 Euro.

Was tun? Dieses Setting liefert eine Steilvorlage für die Savage-Niehans-Regel. Sie empfiehlt, Lotterie A zu spielen. Denn wer den Trostpreis gewinnt, trauert dann nur entgangenen 2 Euro nach, beim Hauptpreis ist der Regret 0. Würde man dagegen Lotterie B spielen, bestünde beim Gewinn des Hauptpreises der beachtliche Regret von 98 Euro, den man in diesem Fall bei der anderen Lotterie eingeheimst hätte.

Die Savage-Niehans-Regel kommt übrigens in diesem Beispiel zu einer anderen Handlungsempfehlung, als wenn man sich an der durchschnittlichen Auszahlung orientiert. Bei Lotterie A werden mit 100 Losen

(99 x 1) + 201 = 300 Euro

ausgeschüttet, also im Mittel 3 Euro pro Los. Bei Lotterie B werden mit 100 Losen

(99 x 3) + 103 = 400 Euro

ausgeschüttet, also im Mittel 4 Euro pro Los. Das spricht für Lotterie B.

Trotzdem. Obwohl die Lotterie B eine größere Ausschüttung von Gewinnen hat, würde auch ich, vor die Wahl gestellt, Lotterie A spielen.

Wann sind wir besonders schlecht drauf?

Sind Sie montags schlecht drauf? Damit sind Sie nicht allein. Das zeigt eine Untersuchung anhand der App Twitter.

Ein Forscherteam der Universität von Vermont hat eine groß angelegte Studie über den Inhalt von Twitter-Nachrichten durchgeführt. Twitter ist ein sich schnell entwickelndes Medium. Im Jahr 2009 gab es knapp 3 Millionen Twitter-Meldungen weltweit, 2017 waren es 500 Millionen. Heute werden 500 Millionen Tweets täglich verschickt, und es gibt 550 Millionen aktive Nutzer und weitere 500 Millionen »Mitleser«.

Nach Angaben der Forscher wurde für den Zeitraum zwischen 2009 und 2017 eine repräsentative Stichprobe von jeweils 10 Prozent der täglichen Tweets mit Twitter Analytics ausgewertet. Die dafür eingesetzten Computer durchstöberten den gesamten Twitter-Kosmos auf mehr als 10 000 häufig verwendete Wörter, denen jeweils durchschnittliche Zahlenwerte von 1,0 bis 9,0 auf einer Glücksskala zugewiesen worden waren. Im Deutschen hatte *verliebt* ein Glücksscore von 8,14 und im Englischen *laughter* einen Wert von 8,50.

Das Ergebnis: Statistisch sind die Menschen an Montagen mit großem Abstand am schlechtesten drauf. Mit jedem weiteren Tag im Wochenkreis verbessert sich die allgemeine Stimmungslage, bis sie an Samstagen ihren Spitzenwert erreicht. Sonntags ist sie nur etwas schlechter, bevor sie zu Wochenbeginn wieder massiv abstürzt.

Auch sind die Menschen am frühen Morgen besser gestimmt als abends zwischen zehn und elf Uhr. Und der Januar ist der Monat, in dem die Stimmungslagen durchschnittlich am schlechtesten sind.

Wie stehen die Chancen für eine lange Beziehung?

Wie eben gesehen, hat die Menschheit montags ihr statistisches Stimmungstief. Über den ersten Tag der Woche lässt sich einiges mehr sagen, das keinen Anlass zum Jubeln gibt. Mag sein, dass es mit der Befindlichkeit an diesen Tagen zusammenhängt. Jedenfalls fassen an Montagen mehr Paare den definitiven Entschluss, sich zu trennen, als an anderen Tagen. Das ist der Wochentagseffekt im Beziehungsleben.

Trennungen finden natürlich das ganze Jahr über statt. Doch Untersuchungen zeigen, dass es im Jahresverlauf zwei recht ausgeprägte Höhepunkte gibt. Zum einen in der Zeit um Ostern, zum anderen zwei Wochen vor Weihnachten.

> Paare, die gemeinsame Kinder haben, trennen sich häufiger als Paare, die gemeinsame Immobilien haben.

Umfragen haben ergeben, dass der nahende Jahreswechsel eine Zeit ist, in der verstärkt Bilanz gezogen wird. In Bezug auf die eigene Partnerschaft fragen sich Menschen in wackeligen Beziehungen, ob der Partner tatsächlich der Mensch ist, mit dem man die Zukunft verbringen möchte. Passiert es dann, dass man sich in den grauen Herbsttagen in jemand anderen verliebt, verstärken sich nicht selten der Wunsch und die romantische Vorstellung gegenseitig, mit der neuen Liebe das Weihnachtsfest zu verbringen.

Statistisch gesehen ist der 11. Dezember der prekärste Tag des Jahres für Beziehungen. Fällt der auch noch auf einen Montag, wird es besonders krass. Eine groß angelegte Facebook-Studie hat es gezeigt. An diesem Tag zwei Wochen vor Weihnachten ändern mehr Menschen auf Facebook ihren Beziehungsstatus von »verheiratet« oder »in einer Beziehung« zu »Single« als an jedem anderen Tag. Dabei hätte so manches Paar nur zwei Wochen durchhalten müssen. Die wenigsten Trennungen gibt es nämlich an Heiligabend.

Zentral für den Bestand einer Beziehung ist übrigens das Wohlbefinden der Frau. Ehen sind umso stabiler und glücklicher, je glücklicher die Frau ist. Ihr Glück strahlt auf den Ehemann aus. Insofern gilt für Männer die Faustregel: *Happy wife, happy life*. Umgekehrt ist das für Frauen nicht in gleichem Maße so. Auf das Wohlbefinden von Ehefrauen haben deren Freundinnen in der Regel einen größeren Einfluss als der Ehepartner. Für beide Geschlechter gilt, dass eine befriedigende Ehe mehr zur Lebenszufriedenheit beiträgt als Geld, Sex und sogar Kinder.

Liebe als Droge. Biochemisch gesehen ist die Liebe eine Sucht. Der Serotoninspiegel ist in diesem Zustand genauso niedrig wie bei Drogenabhängigen.

Auch das Rauchen ist beziehungsrelevant. 80 Prozent aller Partnerschaften, in denen nur ein Partner raucht, gehen früher oder später auseinander. Gleich und Gleich gesellt sich gern. Sind beide Partner Raucher oder beide Nichtraucher, liegt der Trennungsanteil nur bei 50 Prozent.

Ähnlichkeiten spielen überhaupt eine große Rolle. Nicht nur beim Rauchverhalten, auch beim Alter. Das Scheidungsrisiko wächst überproportional, wenn der Mann mehr als neun Jahre älter oder mehr als zwei Jahre jünger ist als seine Frau. Besonders hoch ist die Scheidungsquote, wenn die Frau zehn oder mehr Jahre älter ist als ihr Mann.

Der Zustand mancher Ehen ist das Ergebnis von menschlichem Versagen. Arbeiten Sie also an Ihrer Beziehung. Denn Scheidungen haben schlimme Folgen. Im Alter von 50 bis 60 bringt eine Scheidung nach US-amerikanischen Studien so viel Stress mit sich, dass sich die meisten Menschen davon nie mehr richtig erholen.

Ein Team der Stanford-Universität hat jüngst ermittelt, dass es nicht etwa das verflixte siebte Jahr ist, in dem Beziehungen am häufigsten zu Bruch gehen. Nein, das gefährlichste Jahr für den Bestand von Beziehungen ist vielmehr gleich das allererste. Bei rund 60 Prozent der Befragten, die ein Beziehungsende überstehen mussten, hatte sich die Trennung bereits nach wenigen Monaten ergeben.

In den Folgejahren sinkt das Trennungsrisiko bis zum fünften Beziehungsjahr jährlich um 10 Prozent. Danach nimmt die Wahrscheinlichkeit für eine Trennung weiter ab, aber viel langsamer. Was lange gehalten hat, hält also offensichtlich noch länger.

Wie teilt man gerecht?

Seit unserer Kindheit wissen wir, wie etwas unter zwei Menschen fair geteilt werden kann, zum Beispiel ein Kuchen. Der eine teilt, und der andere darf sich eines der beiden Stücke aussuchen. Was aber, wenn es nicht nur zwei Personen sind? Gibt es eine Version dieser Strategie für drei Personen, die zu einer neidfreien Teilung führen kann?
Neidfrei bedeutet in diesem Zusammenhang, dass nach der Teilung keiner den anderen um dessen Anteil beneidet. Oder anders: Keiner würde mit einem anderen tauschen.

Ein solches Verfahren gibt es tatsächlich. Für drei Personen A, B und C werden vier Schritte bis zur Lösung benötigt.

1. A schneidet den Kuchen in zwei Teile. Die Teile sollten aus seiner subjektiven Sicht gleich groß sein.
2. B nimmt einen der beiden Teile. Es sollte der aus seiner Sicht größte Teil sein. Der andere verbleibt bei A.
3. Nun schneiden A und B ihre Teile jeweils in drei Stücke. Die sollten aus ihrer Sicht jeweils gleich groß sein.
4. Nun darf C von A und von B jeweils eines der drei Stücke auswählen. C sollte aus seiner subjektiven Sicht jeweils das größte Stück nehmen.

Das Ergebnis ist klar. Selbst dann, wenn die Stücke objektiv gesehen vielleicht unterschiedlich groß sind, hat jeder der drei Protagonisten auf seiner eigenen, subjektiven Bewertungsskala jeweils mindestens ein Drittel des Kuchens bekommen. Für keinen besteht deshalb ein Grund, tauschen zu wollen.
Das Protokoll kann auf eine beliebige Anzahl von Personen erweitert werden. Soll zum Beispiel eine vierte Person D mit einbezogen werden, die subjektiv auch mindestens ein Viertel vom

ganzen Kuchen bekommen soll, kann an die eben skizzierte Vorarbeit von A, B und C angeknüpft werden. Jeder der drei hat gegenwärtig zwei Stücke. A schneidet nun eines seiner Stücke in vier subjektiv gleich große Teilstücke. D wählt davon das aus seiner Sicht größte.
Dasselbe wiederholt sich mit dem anderen Stück von A und dann mit den zwei Stücken von B und von C. Am Ende hat D insgesamt 6 Teilstücke, genauso viele wie A, B und C. Keiner muss sich bei diesem Zuweisungsprotokoll benachteiligt fühlen.
Das ist beliebig fortsetzbar, für einen fünften, sechsten, siebten Kuchenliebhaber. Jedenfalls bis das, was anfangs ein Kuchen war, nur noch eine Kollektion kleiner Krümel ist.

Was fördert die Karriere?

Sind Sie ein Mann und Raucher? Dann wird Sie die folgende Erkenntnis freuen! Über die Aufstiegschancen der Geschlechter wird seit vielen Jahrzehnten intensiv diskutiert. Immer noch sind in Wirtschaft und Wissenschaft zu wenige Frauen in Führungspositionen vertreten. Verantwortlich gemacht werden dafür meist männliche Netzwerke, die den Aufstieg von Frauen über einen bestimmten Punkt hinaus erschweren.
Eine Studie der US-amerikanischen Harvard-Universität zeigte kürzlich einen interessanten neuen Aspekt zum Thema männlicher Seilschaften. Untersucht wurde der Effekt des gemeinsamen Rauchens.
Rauchen ist schlecht für die Gesundheit. Das hat sich inzwischen herumgesprochen. Dennoch kann es gut für die Karriere sein. Männer können sich hochrauchen. Insbesondere, wenn sie einen rauchenden Chef haben. Die erwähnte Studie kam zu dem Ergebnis, dass rauchende Chefs signifikant öfter rauchende Mit-

arbeiter befördern als nicht rauchende Mitarbeiter. Unabhängig von der Qualifikation.

Der Grund dafür ist, wie so oft, in der menschlichen Psyche zu suchen. Rauchen ist gesellig und gemeinsames Rauchen verbindet. Wenn Raucher in der Arbeitspause vor dem Gebäude ihrem Glimmstängel frönen, erzeugt das mit der Zeit ein wohliges Wir-Gefühl. Es wird gelacht, gescherzt und getratscht. Bei einer Zigarette entsteht eine zwanglose Möglichkeit, sich informell auszutauschen. Es entsteht ein positives soziales Band. Sogar das gemeinsame Erleben der gefühlten Ausgrenzung, der Raucher unterliegen, verbessert laut Studie die Aufstiegschancen merklich.

Das Ergebnis dieser Studie unterstreicht eine ältere, breit angelegte Untersuchung, die zu dem Schluss kam, dass Chefs Mitarbeiter protegieren, die eine gewisse Ähnlichkeit mit ihnen aufweisen, etwa das gleiche Hobby haben oder eine ähnliche Herkunft besitzen.

Der Rauchervorteil stellt sich übrigens nur zwischen Männern ein. Rauchende Männer haben bei rauchenden Vorgesetzten bessere Aufstiegschancen als nicht rauchende Männer und auch bessere Chancen als Frauen, egal, ob diese rauchen oder nicht.

Bei weiblichen Vorgesetzten, die rauchten, gab es diesen Effekt weder für männliche noch für weibliche Untergebene. Der Effekt ist der Studie nach erheblich. Er erklärt ein Drittel der bestehenden Gehaltsunterschiede zwischen den Geschlechtern. Das ist enorm.

Was muss man über Einbrüche wissen?

Im Jahr 2018 gab es 97 504 Wohnungseinbrüche in Deutschland. Die Zahl sei hier deshalb so exakt notiert, weil Wohnungseinbrüche die am genauesten erfassten Sachdelikte sind. Eine große Dunkelziffer gibt es nicht. Praktisch jeder Fall wird bei der Polizei zur Anzeige gebracht. Schon allein wegen der Versicherung.

Diese Zahl ist insofern einen Kommentar wert, weil sie dem verbreiteten Gefühl widerspricht, dass Einbrüche in den letzten Jahrzehnten erheblich zugenommen haben. Das ist nämlich nur fast richtig. »Fast richtig« insofern, als die Einbruchszahlen tatsächlich seit Mitte der 1990er-Jahre stark gestiegen waren, aber nur bis vor einigen Jahren.

Da änderte sich nämlich etwas. Im Sommer des Jahres 2017 nahm die Bundesregierung eine Gesetzesänderung vor. Nach dem neuen Gesetz gilt der Einbruch in Privatwohnungen nun nicht mehr nur als *Vergehen*, sondern als *Verbrechen*. Seit dessen Inkrafttreten am 22.7.2017 ist ein Einbrecher ein Verbrecher. Dadurch sind empfindlich höhere Strafen möglich. Wer eines Einbruchs überführt wird, muss seither mit einer Strafe von mindestens zwölf Monaten Gefängnis rechnen. Zuvor waren das drei Monate. In besonders schweren Fällen reicht der Strafrahmen bis zu zehn Jahren Haft.

Verbrechen bringen automatisch verschärfte Ermittlungsmethoden der Polizei mit sich. Beides sollte als Abschreckung wirken. Das ist auch gelungen. Ein Polizeisprecher berichtete kürzlich, dass sich viele Einbruchsbanden von Deutschland ins benachbarte Ausland abgesetzt haben, etwa nach Skandinavien.

Deswegen nahmen 2018 die Einbrüche in Deutschland im Vergleich zum Vorjahr um 17 Prozent ab. Bis auf zwei Bundesländer sind die Zahlen überall teils erheblich zurückgegangen, in Bremen sogar um 27 Prozent. Einen Anstieg verzeichnen allein das

Saarland, um satte 23 Prozent, und Sachsen-Anhalt um 4 Prozent. Im gesamten Bundesgebiet gibt es zum ersten Mal seit 20 Jahren wieder weniger als 100 000 Einbrüche.

Die Polizeistatistik enthält noch mehr Wissenswertes über das Einmaleins der Einbrüche. Wie so oft widersprechen auch da die nackten Zahlen den herrschenden Mythen. So finden zum Beispiel die meisten Einbrüche nicht im Sommer statt. Vielmehr hat der Juli die niedrigsten Einbruchszahlen unter allen Monaten. Einbrecher bevorzugen für ihr Handwerk eher die Wintermonate. In den vier Monaten von Oktober bis Januar wird rund die Hälfte aller Einbrüche begangen. Mit einem Maximum im Dezember mit 17 Prozent. Das liegt einerseits daran, dass Einbrecher in der Vorweihnachtszeit besonders fette Beute in den Wohnungen erwarten. Zum anderen ist es die Jahreszeit mit dem wenigsten Tageslicht und somit den besten Chancen, nach der Tat unerkannt zu entkommen.

Die bevorzugten Einbruchszeiten sind übrigens keineswegs die Nachtstunden. Das ist plausibel, denn da halten sich die Menschen in der Regel zu Hause auf. Am häufigsten kommen die Täter zwischen 16 und 18 Uhr, in 60 Prozent der Fälle. Im Winter ist das die Zeit der Abenddämmerung mit schlechten Lichtverhältnissen. Morgens zwischen 6 und 8 Uhr registriert die Polizei weniger als 1 Prozent der Einbrüche.

Der häufigste Einbruchstag ist der Freitag. Sonntags dagegen wird fast nie eingebrochen. Auch Einbrecher haben offenbar einen Ruhetag. Am Wochenanfang werden dann wieder Wohnungen und die zeitlichen Abläufe der Bewohner ins Visier genommen, um gegen Ende der Woche dort zuzuschlagen.

Übrigens: Wer schon einmal Opfer eines Einbruchs wurde, wird es mit 20 Prozent erhöhter Wahrscheinlichkeit noch ein weiteres Mal. Jedenfalls dann, wenn sich der »Bruch«, wie es in der Fachsprache heißt, für die Täter gelohnt hat. Erstens wissen die Täter dann schon, wie sie in die Wohnung hineinkommen. Zweitens rechnen sie damit, dass ihr Opfer die gestohlenen Sachen ersetzt hat. Da es für die Neuanschaffung Zeit braucht, lassen die Täter meist einige Monate bis zur Wiederholungstat verstreichen. Der zweite Einbruch ist also alles andere als ein Zufall.

Wie schließt man mit wenig Information aufs Ganze?

Machen wir ein Gedankenexperiment: Sie sind in einer Damen-Freizeitmannschaft aktiv und spielen Fußball gegen andere Teams. Am Anfang der Saison hat Ihre Trainerin einige Daten abgefragt, unter anderem die Körpergrößen der insgesamt zwölf Spielerinnen. Angenommen, die Trainerin hat bei allen die Größe in Zentimetern gemessen und von der kleinsten (146 cm) bis zur größten Spielerin (188 cm) sortiert. Auch die Summe hat sie ausgerechnet: 2014 cm.

Sie halten das für beliebige Zahlen von Körpergrößen irgendeiner Frauenfußballmannschaft? Datenanalytiker wissen ein paar Dinge über Daten, mit denen sie magische Sachen anstellen können. Zum Beispiel vermessen sie mit nur drei Zahlen die ganze Welt. Nehmen wir mal die Welt der Körpergrößen aller Frauen in Deutschland. Es gibt keinen Grund anzunehmen, warum unsere Gruppe von zwölf Spielerinnen hinsichtlich Körpergröße nicht repräsentativ für alle weiblichen Erwachsenen in der Bevölkerung sein sollte.

Repräsentativ bedeutet, dass die kleine Gruppe einen guten Eindruck von den Größen in der gesamten weiblichen Bevölkerung gibt. Denn es handelt sich um Fußballerinnen und nicht um Basketballerinnen, die bekanntermaßen überdurchschnittlich groß sind. Bei Fußballerinnen geht man davon aus, dass sie durchschnittlich groß sind.

Je wohlhabender eine Gesellschaft ist, desto größer sind im Schnitt die Menschen, die in ihr leben.

Was aber bedeutet es, wenn wir sagen, dass die Kleingruppe einen guten Eindruck von der weiblichen Gesamtbevölkerung vermittelt? Wir meinen damit, dass wichtige Kennzahlen in beiden Gruppen annähernd gleich sind. Eine dieser Kennzahlen ist der Mittelwert. Der Mittelwert der oben erwähnten zwölf Zahlen liegt bei

$$\mathbf{2014 : 12 \approx 167{,}8\ cm}$$

Denn der Mittelwert einer Gruppe von Zahlenwerten berechnet sich aus der Summe aller Zahlen in der Gruppe geteilt durch deren Anzahl. Die Summe der Werte war 2014, und es sind zwölf Spielerinnen.

Der Mittelwert ist nur eine schlichte Zahl. Aber sie ist unglaublich mächtig, wenn es darum geht, Informationen zu transportieren. Stellen Sie sich eine Welt ohne Mittelwerte vor. Nehmen Sie an, es gäbe nur Einzeldaten. Hier die Größen von zwölf Spielerinnen, dort die Kurse von hundert Aktien oder viele Millionen Pixel auf Bildern von Wettersatelliten. Eine sehr unübersichtliche Informationslage.

So eine Welt ohne Mittelwerte gab es früher tatsächlich. Denn auch etwas heute so Geläufiges wie der Mittelwert musste erst einmal erdacht werden. Diese Leistung verdanken wir dem belgischen Astronomen und Statistiker Adolphe Quételet (1796 bis 1874). Er hat den *homme moyen* erfunden, den *mittleren Menschen*. Das ist der fiktive Mensch, der alle Menschen repräsentiert, also von allen Menschen bezüglich einer betrachteten Eigenschaft weniger weit entfernt ist als jeder andere vorstellbare Mensch.

Quételet stellte sich diesen mittleren Menschen so vor, dass er für die ganze Gesellschaft dasselbe bedeutet wie der physikalische Schwerpunkt für einen physikalischen Körper. Er ist das Zentrum, um das die Personen der Gesellschaft angeordnet sind. In unserem Beispiel mit den Spielerinnen wäre das die mittlere Frau. Wir schätzen, dass sie 167,8 cm groß ist. Denn wegen der Repräsentativität lässt sich annehmen, dass die mittlere Körpergröße aller Frauen in der Bevölkerung ungefähr gleich dem Mittelwert von 167,8 cm in der Fußballmannschaft ist.

Die zweite wichtige Kennzahl bezieht sich auf die Streuung in der Zwölfergruppe und in der gesamten weiblichen Bevölkerung. Unter den Fußballerinnen ist die Kleinste 146 cm groß, die Größte 188 cm. Die zwölf Zahlen umspannen demnach einen Bereich von

$$\mathbf{188 - 146 = 42\ cm}$$

Das ist die *Spannweite* dieses kleinen Datenpools. Da die Spannweite nur auf den beiden extremen Werten beruht, ist sie sehr empfindlich gegenüber Datenausreißern. Insofern ist die Spannweite der Kleingruppe kein gutes Maß für die Streuung in der Gesamtpopulation der vielen Millionen Frauen.

Ein besseres Maß ist die durchschnittliche Abweichung aller Körpergrößen vom Mittelwert. Dieses Maß nennen Statistiker die *Standardabweichung*. Die lässt sich für die Zwölfergruppe und für die Gesamtpopulation berechnen. Wegen der Repräsentativität sind beide Standardabweichungen ungefähr gleich.

Die Formel für die Standardabweichung ist mathematisch ein bisschen vertrackt. Glücklicherweise gilt die einfache Faustregel, dass die Standardabweichung ungefähr ein Viertel der Spannweite beträgt. Das ist ein nützlicher Zusammenhang. Er trifft die Sache ganz gut für die typische Datenfülle von Alltagsstichproben aus Datensätzen, deren Einzelwerte sich um den Mittelwert häufen und deren extreme Werte umso seltener auftreten, je extremer sie sind. Das ist übrigens der Normalfall bei Daten. Deshalb nennt man diesen Normalfall der Datenverteilung

schlicht *Normalverteilung*. Auch Körpergrößen sind normal verteilt.
Die Magie hinter der Normalverteilung? Das wirklich Faszinierende an allen normalen Datenansammlungen ist diese Regel: Etwa 68 Prozent aller Zahlen weichen höchstens eine Standardabweichung nach oben oder unten vom Mittelwert ab. Ist also der Mittelwert zum Beispiel 100 und die Standardabweichung ist 15, dann liegen etwa 68 Prozent der Zahlenwerte im Bereich von 85 bis 115.

Wird der Bereich größer, vergrößert sich auch der darin befindliche Anteil der Gesamtdaten. Innerhalb von zwei Standardabweichungen kleiner oder größer als der Mittelwert liegen etwa 95 Prozent aller Werte, und innerhalb von drei Standardabweichungen um den Mittelwert etwa 99,8 Prozent aller Werte.

Ein Mittelwert von 100 bei einer Standardabweichung von 15 ist die Situation, die sich bei den Ergebnissen von Intelligenztests, den IQ-Werten, ergibt. Etwa 99,8 Prozent der Gesamtbevölkerung liegen in einem IQ-Bereich von 55 (Mittelwert minus drei Standardabweichungen) bis 145 (Mittelwert plus drei Standardabweichungen).

Zurück zu den zwölf Fußballerinnen. Wenden wir unsere Faustregeln auf das an, was wir über sie wissen. In der Verteilung aller weiblichen Körpergrößen der Gesamtbevölkerung besteht eine Standardabweichung, die durch ein Viertel der Spannweite der Zwölfergruppe angenähert wird. Das ergibt den Wert von

42 : 4 = 10,5 cm

Damit erhalten wir für die weibliche Gesamtbevölkerung den Mittelwert von 167,8 und die Standardabweichung von 10,5.

Mit beiden Werten können wir errechnen, dass etwa 68 Prozent aller Frauengrößen der Gesamtbevölkerung im Bereich von

167,8 – 10,5 = 157,3 cm bis
167,8 + 10,5 = 178,3 cm

liegen. Im Bereich von

167,8 – 2 x 10,5 = 146,8 cm bis
167,8 + 2 x 10,5 = 188,8 cm

liegen rund 95 Prozent aller Frauengrößen, also fast alle.
Der zuletzt genannte Bereich hat übrigens eine Spannweite von

188,8 cm – 146,8 cm = 42,0 cm

was der Spannweite in der Zwölfergruppe entspricht und etwa das Vierfache der Standardabweichung ist. Das ist immer annähernd so. Und es ist der Ursprung unserer Faustformel, dass der eine Wert etwa viermal so groß ist wie der andere. Denn der mittlere 95-Prozent-Bereich der Daten wird ungefähr von einer normalen Alltagsstichprobe mit typischer Datenfülle abgedeckt.
Ferner sollten zwischen

167,8 – 3 x 10,5 = 136,3 cm und
167,8 + 3 x 10,5 = 199,3 cm

etwa 99,8 Prozent aller Frauengrößen liegen.
Vergleichen wir unsere Berechnungen mit der Realität. Laut Statistischem Bundesamt sind in Deutschland 70,2 Prozent (statt der mit unseren drei Zahlen berechneten 68 Prozent) bzw. 96,3 Prozent (berechnet: 95 Prozent) bzw. 99,8 Prozent (berechnet: 99,8 Prozent) aller Frauen in den betrachteten Intervallen vertreten. Allein mit den drei Zahlen Summe, Minimum und Maxi-

mum in einer Kleingruppe lassen sich also ausgesprochen präzise Aussagen über die Gesamtpopulation treffen. So kann man mit drei Zahlen die ganze Welt vermessen. Selbst dann, wenn die Kleingruppe nur aus 12 Personen, die Gesamtpopulation aber aus vielen Millionen besteht. Super, oder?

Wobei nützt uns das Fluchen?

Fluchen bedeutet, in ärgerlicher Erregung Kraftausdrücke auszustoßen. Dabei beziehen sich die Kraftausdrücke auf garstige Sachen oder Situationen. Wie zum Beispiel auf einen Rechner, der abstürzt, einen Drucker, der Papier staut, oder ein Auto, das nicht anspringt. Was mir übrigens, am Tag bevor ich dieses Kapitel schrieb, mit meinem Auto passierte.

Bezieht sich ein Kraftausdruck auf eine andere Person, dann handelt es sich nicht mehr um Fluchen, sondern Schimpfen oder Beschimpfen. Das ist eine andere, verwandte Ausdrucksform, der wir uns später widmen.

Zunächst also zum Fluchen. Das lässt sich natürlich wissenschaftlich erforschen. Der Sprachprofessor Reinhold Amann und der Psychologe Richard Stephens sind anerkannte Experten auf diesem Gebiet, Fluchforscher, wie sie sich selber nennen. Der Fachbegriff für die Disziplin lautet Malediktologie, und die hat erstaunliche und nützliche Erkenntnisse zutage gefördert.

Das Fluchen hat über die Jahrhunderte hinweg einen Kulturwandel durchgemacht. In der Generation unserer Großeltern war es verpönt. Ertappte man ein Kind beim Fluchen, wurde nicht selten der Mund mit Seife ausgewaschen. Das galt damals als angemessene erzieherische Maßnahme. Gründe für die Verdammung des Fluchens lassen sich jedoch schon in der Bibel finden, etwa im Brief von Paulus an die Epheser 4,29. Dort gibt der Apostel den Rat: »Über eure Lippen komme kein böses Wort, sondern nur ein gutes, das den, der es braucht, auferbaut, und denen, die es hören, Nutzen bringt.«

Das Arsenal des Fluchens wandelt sich mit der Sprache von Generation zu Generation. Vom Mittelalter bis zur Aufklärung bezogen sich die meisten Flüche auf Gott. Das war nicht ungefährlich. Die maßgebenden Theologen hatten nämlich das gotteslästerliche Fluchen mit drakonischen Strafen belegt. Insofern gingen mittelalterliche Gotteslästerer in der Öffentlichkeit ein hohes Risiko ein.

Zwischen den Geschlechtern gibt es überraschenderweise keine Unterschiede. Frauen und Männer fluchen statistisch etwa gleich viel. Doch sowohl Männer als auch Frauen bewerten das Fluchen von Frauen als ungewöhnlicher und krasser.

In neuerer Zeit hat sich die Einstellung zum Fluchen schleichend geändert. Weil seine positiven Aspekte entdeckt wurden. Und das kam so.

Als der schon erwähnte Psychologe Richard Stephens Vater wurde, erlebte er die Geburt seines Kindes im Kreißsaal mit. Später erzählte er, dass er sehr überrascht gewesen sei, weil seine Frau, als die Schmerzen stärker wurden, pausenlos geflucht habe. So vehement, dass sich regelrecht die Balken bogen. Sie habe Dinge gesagt, die ihr noch nie über die Lippen gekommen seien. Hebammen werden bestätigen, dass das nicht ungewöhnlich ist.

Das kann für die anwesenden Männer befremdlich wirken, doch nicht jeder Mann macht daraus ein Forschungsprojekt, wie es Richard Stephens tat. Er wollte den Wirkungen sowie dem Nutzen des Fluchens nachgehen und stellte Überraschendes fest. Dazu führte er ein Experiment durch, bei dem Probanden ihre Hand so lange wie möglich in eiskaltes Wasser tauchen sollten. Diese Zeitspanne wurde gemessen. Wenn die Probanden dabei unkontrolliert fluchen konnten, hielten sie es im Vergleich zur Kontrollgruppe, die nicht fluchen durfte, deutlich länger aus.

Heute ist wissenschaftlich gesichert, dass die Eigenwahrnehmung von Schmerzen durch Fluchen abgemildert wird. Weil unser Körper beim Ausstoßen von Flüchen Adrenalin, Cortisol und Endorphine ausschüttet. Außerdem klopft das Herz schneller und pumpt mehr Blut durch den Körper. Fluchen steigert dadurch die natürliche Stressantwort des Körpers ähnlich wie eine Kampfsituation. Fluchen ist ein Beitrag zum Schmerzmanagement, egal, ob dieser Schmerz körperlich oder seelisch ist. Gegen beide Formen des Schmerzes tut Fluchen gut. Fluchworte sind sogenannte *tool words*. Sie dienen dazu, Dampf abzulassen, eine entlastende biochemische Körperreaktion zu verstärken und so Stress zu reduzieren.

Das haben Sie bestimmt schon bei sich selbst bemerkt. Fast automatisch fühlt man sich nach dem Fluchen besser. Ja, mehr noch! Menschen, die dazu neigen, jedes Ärgernis und alle Ängste wortlos hinzunehmen und in sich hineinzufressen, entwickeln mit größerer Wahrscheinlichkeit Magengeschwüre und psychische Krankheiten als solche, die ungehemmt drauflosfluchen. Das ist durch medizinische Studien gesichert.

Ein herzhaft ausgestoßener Kraftausdruck wirkt wie ein klärendes Gewitter für eine ärger-schwere Atmosphäre. Nach den Erkenntnissen der Fluchforscher wirken Worte mit Zisch- und Verschlusslauten nebst den Buchstaben e und i besonders befreiend. Wie zum Beispiel das Wort *Scheiße* als germanischer Urfluch.

Dazu kommt, dass der Körper durch die Ausschüttung der Hormone leistungsfähiger wird. Kraftausdrücke geben tatsächlich Kraft. In Experimenten haben sich bei körperlichen Leistungen, die unter Fluchen stattfinden, Leistungssteigerungen feststellen lassen. Britische Wissenschaftler beispielsweise konnten nachweisen, dass Sportler ihre Maximalleistung auf dem Fahrradergometer um drei Prozent steigerten, wenn sie Kraftausdrücke ausstießen. Die Forscher erklärten dies mit der »Lass-alles-raus-Einstellung«, die von den Flüchen getriggert wird und zur Mobilisierung der letzten Energiereserven beiträgt.

Diese festgestellten positiven Wirkungen überraschen nicht wirklich. Fluchen muss ja evolutionäre Vorteile haben, sonst wäre es längst aus der Mode gekommen. Unter anderem wegen des Naserümpfens, das es bei allen Knigges und Befürwortern guten Benehmens seit vielen Jahrhunderten hervorruft.

Doch das Fluchen ist nicht nur nicht aus der Mode gekommen. Es findet bis zum heutigen Tag bei allen Völkern der Erde Anwendung. Wahrscheinlich hat die Menschheit von Anfang an geflucht. Und auch die Zukunft des Fluchens sieht eher rosig aus, denn das Fluchen hat Konjunktur. Im Zeitalter der Globalisierung bereichern sich die verschiedenen Kulturen gegenseitig durch ihr Vokabular. Gleichzeitig ist eine Nivellierung festzustellen. Das englische Wort *fuck* etwa dringt in viele Sprachen ein und macht den dort gängigen Wendungen den Spitzenplatz streitig. Das gilt auch für Deutschland.

Fluchen hat also eine physiologische, emotionale und soziale Funktion. Arbeitsgruppen, in denen die Teammitglieder voreinander fluchen, vertrauen sich gegenseitig mehr. Dort baut das gemeinsame Fluchen eine Art von *corporate identity* auf. Es wirkt wie ein Code, mit dem man sich ins Gemeinschaftsgefühl einloggen kann. Auch unter Jugendlichen hat es diese Funktion.

Damit kommen wir zu einer weiteren reizvollen Wirkung. Wer flucht, erscheint authentischer, ja, ehrlicher. Er wirkt auf andere Menschen wie jemand, der seine Worte nicht filtert, um gesellschaftlich angepasst aufzutreten. Er lässt seine Emotionen einfach raus. Menschen, die etwas vortäuschen oder Unwahrheiten in Umlauf bringen wollen, müssen ihre mentale Energie nicht nur darauf verwenden, sich das alles auszudenken, sondern auch darauf, sich zu erinnern. Das bremst.

Wahrheiten auszusprechen geht schneller. Man ist impulsiver und vermittelt den Eindruck, sich ohne jede sprachliche Schönfärberei zu äußern. Zudem denken wir, dass uns Menschen, die fluchen, an ihren wahren Gefühlen teilhaben lassen. Das kann erfrischend sein. Denn allzu oft treffen wir auf Zeitgenossen, die ihre Gefühls- und Stimmungslage verbergen. Fluchen dagegen ist ungefiltertes Sprechen.

Wenn die Benimmetikette nicht Ihre oberste Priorität ist und Sie wollen, dass Menschen Sie für authentisch halten, kann das also unter Umständen dadurch erreicht werden, dass Sie Ihrem Ärger ab und zu ungebremst Luft machen.

Das Fluchen wird sogar mit unserer Intelligenz in Verbindung gebracht. Die Ansicht, dass nur Menschen fluchen, die sich nicht anders ausdrücken können und über eine geringe Sprachintelligenz verfügen, gehört ins Reich der Legende, wie jeder Sprachwissenschaftler bestätigen wird. Nimmt die Sprachgewandtheit zu, dann auch die Fähigkeit und Neigung zum Fluchen.

Fluchen und Flüche finden sich in allen sozialen Schichten. Stärker verbreitet sind sie in den unteren gesellschaftlichen Schichten nur deshalb, weil dort Frustrationen und Enttäuschungen häufiger sind. In der Mittelschicht wird weit weniger geflucht. In der Oberschicht wiederum mehr, weil dort die Meinung vorherrscht, man könne sich vieles erlauben, gerade auch eine lockere Zunge und eine freizügige Sprache.

Fluchen ist immer auch ein Tabubruch. Und es gibt Menschen, die für den Erhalt des Tabus kämpfen. Das ist für die Flucher in unseren Reihen sogar notwendig. Denn die positiven Wirkungen können die Kraftausdrücke nur dann entfalten, wenn mit ihnen tatsächlich ein Tabu gebrochen wird. Würden sie als ganz normale Ausdrücke akzeptiert, hätten sie ihre Kraft schnell verloren. Und was wären Kraftausdrücke ohne Kraft? Einfach nur Worte. Deshalb sollte man sie auch nicht überstrapazieren. Wenigflucher profitieren nämlich mehr von der Wirkung ihrer Flüche als Vielflucher.

Fluchen Sie also sparsam. Und fluchen Sie nicht, wenn es nicht nötig ist. Sollte es aber nötig sein, ist es auf jeden Fall physiologisch, emotional und vielleicht überhaupt hilfreich. Fluchen Sie kreativ und verfluchen Sie sich nicht selbst. Denn damit schaden Sie nur Ihrer Psyche.

Wie kann man berechnen, was nie passiert ist?

Nehmen wir an, Sie lesen ein Buch und auf den ersten 50 Seiten haben Sie keinen einzigen Druckfehler entdeckt. Wären Sie dann bereit zu behaupten, dass es in dem ganzen Buch mit 200 Seiten keinen einzigen Druckfehler gibt? Oder: Jemand ist bei den ersten 30 Fahrten zwischen zu Hause und neuer Arbeitsstelle nicht ein einziges Mal beim Schwarzfahren erwischt worden. Kann er davon ausgehen, dass er bei den folgenden 50 Schwarzfahrten auch Glück hat? Allgemein gefragt: Wenn bisher nie etwas schieflief, wird dann auch in Zukunft alles glattgehen? Nein, sagt unsere Lebenserfahrung.

Wenn etwas bisher nicht passiert ist, lässt sich nicht davon ausgehen, dass es nie passieren wird. Allerdings lässt sich davon ausgehen, dass dieses Ereignis wohl eine sehr kleine Wahrscheinlichkeit hat. Aber wie klein ist diese Wahrscheinlichkeit genau? Darüber gibt die *Dreier-Regel* der Statistik Auskunft. Sie liefert uns eine Schätzung der Wahrscheinlichkeit von zukünftigen Vorkommnissen.

Skizzieren wir die Ausgangslage. Es geht um ein seltenes Ereignis. Sie interessieren sich für die Wahrscheinlichkeit, mit der dieses Ereignis vorkommt. Sie haben eine große Zahl von Fällen geprüft und in keinem einzigen Fall dieser N Fälle ist das Ereignis eingetroffen. Ist die Auftretens-Wahrscheinlichkeit des Ereignisses dann 0? Kann sein, muss aber nicht.

Die Dreier-Regel formuliert es so: Ist ein bestimmtes Ereignis in N Fällen nicht eingetreten, dann können Sie 95 Prozent sicher sein, dass die Wahrscheinlichkeit dieses Ereignisses höchstens 3/N ist. Diese Dreier-Regel ist die Antwort auf eine Frage. Wenn Ihnen 0 Missgeschicke in N Fällen passiert sind, wie hoch ist dann die größte Missgeschicks-Wahrscheinlichkeit, die mit mindestens 5-prozentiger Sicherheit zu keinem Missgeschick in N Fällen führt?

Demonstrieren wir das an einem Bereich, in dem die Dreier-Regel besonders oft angewendet wird, nämlich bei medizinischen Studien.

Ein neuer medizinischer Wirkstoff soll getestet werden. Bei einer Anwendung bei 20 Patienten gab es in keinem einzigen Fall Nebenwirkungen des Präparats. Das spricht zunächst für gute Verträglichkeit des Wirkstoffes. Doch es wäre falsch, Nebenwirkungen völlig auszuschließen. Denn selbst bei einer Wahrscheinlichkeit von 13,9 Prozent für Nebenwirkungen in jedem Einzelfall würden sich mit der Wahrscheinlichkeit von immerhin noch 5,0 Prozent bei keinem der 20 behandelten Patienten Nebenwirkungen einstellen. Das ist eine mathematisch präzise Aussage, der die Gleichung

$$(1-0{,}139)^{20} = 0{,}0501\ldots$$

zugrunde liegt. Diese Tatsache lässt eine hundertprozentige Erfolgsquote des Wirkstoffs fraglich erscheinen. Vielmehr ist sie im Umkehrschluss so zu deuten, dass mit der gegenteiligen 95-prozentigen Sicherheit die Wahrscheinlichkeit für Nebenwirkungen irgendwo im Bereich von 0 Prozent bis 13,9 Prozent liegt.

Die exakte Aussage basiert, wie gesehen, auf einer Potenzrechnung. Die Dreier-Regel liefert eine annähernd richtige Faustregel, damit nicht so viel gerechnet werden muss: Mit 95-prozentiger Sicherheit ist die Wahrscheinlichkeit höchstens 3/N, also im Beispiel

$$3:20 = 0{,}15 = 15 \text{ Prozent}$$

Die Faustregel ergibt somit eine sehr gute Annäherung an den exakt berechneten Wert von 13,9 Prozent.

Wie aber lautet die Faustregel, wenn wir in N Fällen nicht $k = 0$ Ereignisse beobachtet haben, sondern $k = 1$ oder $k = 2$ Ereignisse? Dann gilt statt der Dreier-Regel die »Drei-plus-Regel«. Der Schätzwert 3/N ist nun zu ersetzen durch

$$(3 + 1{,}5 \times k) : N$$

Mit diesen beiden Regeln lässt sich in der Medizin das Risiko von extrem seltenen Komplikationen ziemlich gut abschätzen. Und auch sonst lassen sich Dinge einordnen, die nie, fast nie oder kaum je passiert sind.

Wie nutzen Sie Placebos noch besser?

Placebos sind eine Macht für sich. Ja, das stimmt tatsächlich. Wenn der Arzt Pillen verschreibt, die keinen Wirkstoff enthalten, wirken die in vielen Fällen so wie ein Mittel mit Wirkstoff. Mittlerweile gibt es Studien, die belegen, dass teure Placebos sogar noch besser wirken als billige und bunte Pillen besser als weiße.

Ein Team von Psychologen am US-amerikanischen Massachusetts Institute of Technology hat die Wirkung von Placebos zur Schmerzlinderung untersucht.
82 Probanden wurden mit gezielten Stromstößen zunächst auf ihre Toleranz für Schmerzen getestet. Anschließend wurden sie durch Losentscheid in zwei Gruppen eingeteilt. Alle erhielten dasselbe Placebo, doch der ersten Gruppe wurde mitgeteilt, es handle sich um ein teures, neuartiges Schmerzmittel, das pro Stück 2,50 Dollar koste. Die Probanden in der zweiten Gruppe erhielten die Information, sie bekämen ein günstiges Schmerzmittel zum Preis von nur 10 Cents pro Pille. In der Gruppe, die das angeblich teure Medikament bekommen hatte, sagten später

> 85 Prozent, ihre Schmerzen hätten nach Einnahme abgenommen, während in der anderen Gruppe nur 61 Prozent von einer Linderung berichteten.

Die Wirkung von Placebos beruht darauf, dass unser Gehirn sich viel vormachen lässt. Es gaukelt uns sogar in stocknüchternem Zustand vor, betrunken zu sein. Das zeigten Versuche mit Placebo-Alkohol. Wenn Versuchsteilnehmern glaubhaft klargemacht wurde, sie hätten hochprozentigen Alkohol getrunken, wirkte die völlig alkoholfreie Flüssigkeit wie Hochprozentiges. Die Teilnehmer waren davon überzeugt, betrunken zu sein, und verhielten sich bis zu einem gewissen Grad auch entsprechend. Das Versuchsergebnis zeigt die unglaubliche Macht der Autosuggestion. Die wirkt auf vielen Gebieten, und man kann sie für eigene Zwecke nutzen. Allein, dass wir uns einreden, mehr zu leisten, bewirkt bereits eine Leistungssteigerung.

Selbst beim Schlaf lässt sich mit Suggestion viel machen. Wenn wir schlecht geschlafen, also zu wenige Stunden oder nicht genug von dem erholsamen Tiefschlaf bekommen haben, wirkt sich das auf unsere Konzentrationsfähigkeit, unsere Reaktionsschnelligkeit und Fähigkeit zum Problemlösen aus.

In einer psychologischen Studie am Colorado College wurde Probanden nach einer Nacht im Schlaflabor suggeriert, sie hätten besonders gut und sehr tief geschlafen. Einer anderen Gruppe wurde das Gegenteil eingeredet. Die Psychologen hatten die Gruppen dabei so eingeteilt, dass die Schlafqualität in beiden Gruppen etwa gleich war. Bei anschließenden Aufmerksamkeitstests zeigte sich die erste Gruppe der zweiten deutlich überlegen. Überraschenderweise konnte auch dann eine positive Wirkung erzielt werden, wenn sich die Probanden selbst vorgaukelten, gut geschlafen zu haben. Sogar nach einer Nacht, in der sie lange wach gelegen hatten, genügte dazu das Gedanken-Mantra: »Mein Schlaf war zwar kurz, aber dafür tief und erholsam.« Die Schlechtschläfer fühlten sich tagsüber weniger müde und nicht

erschöpft, obwohl es dafür keinen rationalen Grund gab. Psychologen sprechen bei dieser Autosuggestions-Technik von Placeboschlaf.

Mit dem Selbstdynamisierungs-Tool des Placeboschlafs kurbeln Sie Ihren inneren Antrieb an. Allein der Glaube versetzt Berge. Auch bei der Schlafqualität gilt der Grundsatz: *Think positive!* Tun Sie das umgekehrt nicht und denken stattdessen, Sie hätten zu wenig und zu unruhig geschlafen, wirkt das wie eine rückwirkende Prophezeiung, die Ihren Tag dann auch entsprechend gestaltet.

Fazit: Sich einzureden, man habe gut geschlafen, wirkt. Es wirkt selbst dann, wenn Sie wissen, dass Sie es sich einreden. Und sogar, wenn Sie wissen, dass Sie es wissen.

Wie schätzt man Stückzahlen?

Heute findet in Ihrer Stadt ein Laufwettbewerb statt. Hypothetisch. Vielleicht ein 10 000-Meter-Lauf oder, wenn Sie aus einer größeren Stadt kommen, ein Halbmarathon oder Marathon. Als Sie am Nachmittag etwas in der Stadt erledigen wollen, stellen Sie fest, dass einige Straßen abgesperrt sind. Für eine Weile stehen Sie an einer Absperrung und schauen den vorbeieilenden Sportlern zu. Deutlich erkennen Sie die Startnummern einiger Läufer: 262, 517, 936, 433, 792.

Sie fragen sich, wie viele Läufer an diesem Laufwettbewerb wohl teilnehmen. Können Sie die Teilnehmerzahl anhand der Information abschätzen, die in den obigen fünf Startnummern steckt?

Ihre Überlegung könnte wie folgt verlaufen: Startnummern werden ja immer fortlaufend vergeben, von 1, 2, 3, … bis hin zur Startnummer N. Diese höchste Startnummer N ist gleichzeitig die Zahl der Läufer bei diesem Wettbewerb.

Ihre Aufgabe besteht somit darin, das nicht bekannte N aus der kleinen Stichprobe der fünf beobachteten Startnummern zu schätzen. Da Sie zu einem zufälligen Zeitpunkt zufällig vorbeilaufende Teilnehmer gesichtet haben, fassen Sie die fünf Startnummern als rein zufällige Zahlen zwischen 1 und N auf. Statistiker sprechen von einer Zufallsstichprobe. Ferner stellen Sie fest, dass die größte Startnummer in dieser Fünfergruppe die Zahl 936 ist.

Wie wäre es, wenn Sie diese Zahl als Schätzwert für N nehmen? Wie wäre diese Schätzung zu bewerten? Die Schätzung von 936 Läufern im Gesamtfeld ist tendenziell zu klein. Nur ganz selten wird die höchste Startnummer im Feld in der ziemlich kleinen Stichprobe der fünf gesehenen Zahlen vertreten sein. In diesem seltenen Glücksfall hätten Sie allerdings die gesuchte Teilnehmerzahl sogar genau richtig geschätzt. In der überwiegenden Mehrheit der Fälle funktioniert das aber nicht. Vielmehr wird eine Lücke zwischen der höchsten Startnummer in der Stichprobe und der höchsten Startnummer im Gesamtfeld bestehen. Denkt man sich jetzt die fünf gesehenen Startnummern auf einer Skala von 1 bis N, dann steht links als kleinste Zahl 262 und rechts die größte Zahl 936. Von ihr bis zur Zahl N klafft eine Lücke. De facto ist die Größe dieser Lücke unbekannt. Doch statistisch gesehen – also im Durchschnitt – ist diese Lücke von der größten Stichprobenzahl bis zur Zahl N am rechten Rand der Skala genauso groß wie die Lücke am linken Rand zwischen der kleinsten Zahl 262 und der Zahl 1. Deshalb kann die *unbekannte* Lückengröße rechts durch die *bekannte* Lückengröße links abgeschätzt werden. Super! Ein wahrhaft meisterlicher Kunstgriff.

Noch genauer wird die Schätzung sogar, wenn man sich alle fünf Lücken zwischen den Zahlen von 1 über 262, 433, 517, 792 bis hin zu 936 anschaut und deren Durchschnitt bildet. Ist nämlich die durchschnittliche Lücke klein, dann sollte auch die höchste gesehene Startnummer 936 nahe bei der höchsten vergebenen Startnummer N liegen. Ist sie dagegen groß, müssen wir von der höchsten gesehenen Startnummer wahrscheinlich eine größere Korrektur nach rechts vornehmen, um in die Gegend der höchsten Startnummer zu kommen. Der erwähnte Durchschnitt der fünf Lücken ist mathematisch ziemlich genau gleich der größten Stichprobenzahl geteilt durch den Stichprobenumfang

$$\mathbf{936 : 5 \approx 187}$$

Diese durchschnittliche Lückengröße muss man nun zu 936 hinzuaddieren, um einen brauchbaren Schätzwert für N zu erhalten, der professionell mit statistischen Methoden ermittelt wurde. Also

$$\mathbf{N = 936 + 187 = 1123}$$

Das Ergebnis des Gedankengangs lässt sich etwas einfacher darstellen. Mathematisch ist die Profischätzung genau der Schätzwert, den man erhält, wenn die größte Stichprobenzahl 936 mit 6 (nämlich 5 + 1) multipliziert und durch 5 (Zahl der Startnummern in der Stichprobe) dividiert wird:

$$936 \times 6 : 5 \approx 1123$$

Dieses Rezept lässt sich als allgemeingültige Faustregel formulieren: Eine Gruppe bestehe aus N Subjekten oder Objekten. Die Gruppe ist durchnummeriert, und wir kennen eine zufällige Stichprobe von n Nummern. Dann lässt sich die Gruppengröße schätzen, indem man die größte Zahl in der Stichprobe mit n + 1 multipliziert und das Ergebnis durch n teilt. Anders ausgedrückt ist die Gruppe statistisch um ein n-tel größer als der größte Wert in der Stichprobe.

Sie fragen sich vielleicht, ob das nur eine Spielerei ist oder einen Nutzen hat. Was lässt sich damit anfangen? Sie werden baff sein. Genau diese Schätzmethode wurde im Zweiten Weltkrieg von den Mathematikern der Alliierten angewendet, um Monat für Monat die Panzerproduktion der deutschen Kriegsindustrie zu berechnen. Die Ergebnisse lieferten ihren Befehlshabern wertvolle Hinweise für die Planung der eigenen Kampfeinsätze. Das mathematische Schätzverfahren war möglich, weil die deutsche Kriegsindustrie in jeder Sparte, auch bei Panzern, alle produzierten Geräte fein säuberlich mit fortlaufenden Seriennummern versah. Wenn die Alliierten deutsche Panzer erbeuteten, erhielten sie eine Stichprobe an Zahlen, mit denen sie arbeiten konnten. Zusätzliche Informationen über die deutsche Panzerproduktion bekamen die Alliierten durch Spionage. Die ausspionierten Zahlen wichen jedoch teils erheblich von den errechneten Zahlen ab, was für Verwirrung sorgte. Zum Beispiel lag für den September 1942 der ausspionierte Wert bei 1550 produzierten Panzern. Der mathematisch mit obigem Schätzverfahren errechnete Wert war viel kleiner. Er lag bei nur 327 Panzern. Die Befehlshaber entschlossen sich, der Mathematik zu vertrauen. Nach dem Krieg ergab sich die Möglichkeit, die exakten Produktionszahlen den erbeuteten deutschen Dokumenten zu entnehmen. Aus diesen Dokumenten ging hervor, dass die Zahl der im September 1942 produzierten Panzer bei 342 lag. Ein Sieg der Mathematik auf ganzer Linie.

Wie hoch ist Ihre Lebenserwartung?

Menschen können ihre eigene Lebenserwartung nicht gut schätzen. Im Schnitt leben ältere Erwachsene sieben Jahre länger, als sie selbst vermuten. Weil sie sich nämlich bei ihrer Schätzung an dem Alter orientieren, das ihre nächsten Verwandten erreicht haben, also etwa ihre Eltern. Doch das ist ein Vergleich mit Mitgliedern der vorausgegangenen Generation. Als statistische Faustregel kann man jedoch davon ausgehen, dass in Deutschland die Bevölkerung in jedem Jahrzehnt knapp zweieinhalb Jahre älter wird. Der Abstand zwischen zwei aufeinanderfolgenden Generationen beträgt etwa 30 Jahre. Also lebt die Folgegeneration im Schnitt rund sieben Jahre länger.

Dieses Ergebnis lässt sich auf kürzere Zeitspannen herunterbrechen. Die Lebenserwartung von später geborenen Neugeborenen steigt pro Tag um etwa sechs Stunden. Ein beachtlicher Zuwachs! Rechnet man diesen Trend hoch, lässt sich vorhersagen, dass in der 2021 geborenen Generation jedes Neugeborene eine 50-prozentige Chance hat, das 103. Lebensjahr zu erreichen. Dafür gibt es sechs Gründe: medizinischer Fortschritt, gesündere Ernährung, verbesserte Hygiene, höheres Bildungsniveau, steigender Wohlstand, soziale Fürsorge.

Wenn wir dann in Rente gehen, hängt unsere tatsächliche Lebenserwartung auch davon ab, wie belastend der ausgeübte Beruf war. Männer, die beruflich starken Belastungen ausgesetzt waren, haben mit 65 eine um zwei Jahre geringere Lebenserwartung als weniger belastete Männer. Für Frauen gibt es bislang keine vergleichbaren Studienergebnisse.

Nehmen wir eine prozentual gleichmäßige Einteilung in fünf Einkommensgruppen vor und betrachten die Unterschiede der *gesunden* Lebenserwartung. Das ist die Anzahl der Jahre, die man in gutem Allgemeinzustand verbringt. Der Unterschied dieser Lebenserwartung beträgt zwischen der höchsten und der niedrigsten Einkommensgruppe bei Männern 14 Jahre und bei Frauen 13 Jahre.

Wie verändert man schlechte Gewohnheiten?

Leben heißt auswählen. Im Großen und im Kleinen, im Unwichtigen und Wichtigen. Soll ich Organspender werden oder nicht? Soll ich die Treppe nehmen, die Rolltreppe oder den Aufzug? Meist müssen wir uns für eine der zur Verfügung stehenden Optionen entscheiden.
Bei vielen Szenarien ist eine der zur Verfügung stehenden Alternativen besser für die Allgemeinheit und gleichzeitig auch für den Einzelnen. Trotzdem kann es sein, dass für die Umsetzung zunächst ein Widerstand zu überwinden ist. Manchmal können wir uns in so einem Fall durch kleine Schubser zum besseren Verhalten hinmanövrieren.
Eines der ersten Beispiele für so einen Schubs waren kleine Bildchen von Fliegen, die 1999 in die Männerurinale am Amsterdamer Flughafen Schiphol geklebt wurden. Da Männer beim Uri-

nieren gerne auf etwas zielen, hatten die Fliegen die gewünschte Wirkung. Es landete mehr Urin dort, wo er hinsollte. Die Menge, die danebenging, verminderte sich nach Angaben des Betreibers um 80 Prozent.

Die kleine Fliege im Urinal ist ein sogenannter *nudge,* ein Schubs in die richtige Richtung. Der Begriff *nudging* steht für alle psychologischen Tricks, die das Verhalten von Menschen in vorhersehbarer Weise zum Guten verändern. Ohne ihnen etwas zu verbieten, wohlgemerkt. So lassen sich Menschen effektiver steuern als durch aufwendige und kostspielige Informationskampagnen. Viele Regierungen dieser Welt unterhalten inzwischen Arbeitsgruppen, die sich mit Nudging befassen. Denn warum sollte der Staat menschliches Verhalten durch Gesetze steuern, wenn es mit sanften Ermutigungen besser und zudem zwanglos geht?

Ein paar Beispiele gefällig? Das Nudging-Prinzip nutzen die sogenannten Pianotreppen in Melbourne, Mailand und Istanbul. Nimmt ein Passant nicht die Rolltreppe, sondern betritt stattdessen die benachbarte Pianotreppe, erklingt angenehme Klaviermusik, die seinen Aufstieg begleitet und ihn für die sportliche Übung belohnt. Angeblich benutzen nun doppelt so viele Menschen die tönenden Treppen anstelle der Rolltreppen. Das ist lobenswert und ein Beitrag zur Volksgesundheit. Eines meiner Lieblingsbeispiele gibt es in Schweden. Wer dort Blut spendet, erhält zum Zeitpunkt der Verwendung des gespendeten Blutes eine SMS der Blutspendezentrale. Diese teilt dem Spender mit: »In diesem Moment wird Ihre Blutspende verwendet, um jemandem das Leben zu retten.«

Das ist eine wunderbare Form des Feedbacks. Viele Menschen berichten, dass die SMS sie glücklich macht. Sie posten sie in sozialen Medien, was wiederum andere zur Blutspende motiviert. Auch die Spender fühlen sich häufig animiert, abermals Blut zu spenden.

Warum ist das so? Wir haben ein angeborenes Bedürfnis, die Wirkung der Dinge, die wir tun, zu spüren. Die kurze, kaum Anstrengung erfordernde SMS der schwedischen Blutspendezentrale ist ein Musterbeispiel dafür, wie man Menschen ihre Selbstwirksamkeit verdeutlichen kann. Die Wirkung ist enorm und messbar. In vielen europäischen Ländern geht die Bereitschaft zur Blutspende zurück. In Deutschland beispielsweise sind nur knapp drei Prozent der Bevölkerung Blutspender. In Schweden dagegen nimmt das gespendete Blutvolumen zu. Im Vergleich zu 1990 ist es derzeit um 15 Prozent gestiegen.

In deutschen Bahnhöfen sind die Raucherzonen eine andere Form des Nudging. Wer raucht, steht dort auf dem Präsentierteller, und die Tendenz, sich ausgegrenzt zu fühlen, ist durchaus gewollt. Das so geschaffene negative Klima bewirkt, dass in Bahnhöfen weit weniger Menschen zum Glimmstängel greifen. In Singapur wird ein anderer, ähnlich wirksamer Ansatz verfolgt. Dort sind Aschenbecher in einiger Entfernung von den Bushaltestellen angebracht. Da es außerdem verboten ist, Stummel auf die Straße zu werfen, macht die Platzierung der Aschenbecher das Raucherleben umständlicher.

Dass Nudging inzwischen international verbreitet ist, zeigen auch die beiden folgenden Beispiele aus dem Straßenverkehr. In Indien wurden auf einer optischen Täuschung basierende Zebrastreifen auf den Straßen angebracht, die aus der Entfernung den Eindruck vermitteln, es würden Fußgänger die Straße überqueren. In London gibt es Straßenmarkierungen auf Fahrbahnen, die die Illusion von Bodenwellen beim heranbrausenden Autofahrer hervorrufen, der daraufhin seine Geschwindigkeit reduziert. Durch diese und andere minimalinvasive Verhaltenssteuerungen wird in vielen Ländern versucht, die Menschen zu einem für die Gemeinschaft vorteilhafteren Leben zu animieren.

Den sogenannten *Econ,* den rational überlegenden und seine Optionen vernünftig abwägenden Menschen, wie er in den Theorien der Verhaltensökonomie idealisiert auftritt, gibt es in der Realität nur selten. Die Welt und wie sie gestaltet ist, sollte nicht an den rationalen Menschen *homo sapiens,* sondern an den *homo humanus,* den menschlichen Menschen angepasst sein. Warum sollte die Welt nicht nach einem realistischen Menschenbild gestaltet werden?

Also: Schubs dich! Denn man kann sich auch selbst nudgen. Auf vielfältige Weise und beispielsweise hin zu besseren Gewohnheiten. Sie können gewaschenes Obst in Reichweite legen, um den Obstkonsum anzuregen. Und Schokolade, Süßes, Chips oder Kekse erst gar nicht kaufen oder schwer erreichbar lagern.

Haben Sie die Neigung, öfter zu spät zu kommen? Haben zum Beispiel Sitzungen ab und zu schon begonnen, wenn Sie den Raum betreten? Oder sehen Sie beim Eintreffen am Gleis bisweilen nur noch die Rückseite des abfahrenden Zuges? Ja? Dann liegt diesen Verspätungen vielleicht ein psychologisches Muster zugrunde. Haben Sie schon einmal daran gedacht, Ihre Uhr um drei bis fünf Minuten vorzustellen? Interessanterweise reicht das bei den meisten Menschen aus, um ihre Tendenz zur Trödelei einzuhegen. Wenn dieses leichte Drehen an der Uhr bei Ihnen nicht ausreicht, weil Sie die Korrektur automatisch berücksichtigen, dann lassen Sie Ihren Ehepartner oder einen Freund die Uhr verstellen. Legen Sie es nicht darauf an herauszufinden, wie viele Minuten es waren. Sie werden staunen, welch positive Wirkung das auf Ihre Pünktlichkeit hat.

Nudging beweist also, dass und wie kleine Dinge einen großen Unterschied machen können. In der Physik nennt man dieses Phänomen den *Schmetterlingseffekt*. Nudging setzt den Schmetterlingseffekt in menschliches Verhalten um.

Wie lässt sich unser Spieltrieb nutzen?

Eine Alternative zum Nudging ist die *Gamification,* wie es unter Fachleuten heißt, das Ausnutzen unseres Spieltriebs. Vieles, was unangenehme Seiten hat, kommt besser an, wenn ein spielerisches Element hinzugefügt wird. Es geht also um das Einbringen spielerischer Elemente in an sich nicht-spielerische Zusammenhänge, Vorgänge, Sachverhalte oder Umgebungen. Spielerisch geht vieles leichter.

Gamification bedeutet nicht, aus allem ein Spiel zu machen. Vielmehr besteht sie darin, bestimmte Aspekte von Spielen in nicht-spielerische Situationen zu übertragen. Und zwar gerade die Aspekte, die wir am Spielen besonders schätzen: Herausforderung, Feedback, Wettbewerb, Erfolge, Gesellschaft mit Gleichgesinnten, Abwechslung. So soll das Erleben von emotional kargen Situationen qualitativ verbessert werden.

Der Gedanke ist nicht so neu, wie manche vielleicht denken. Schon in den 1960er-Jahren wurde er in der Psychiatrie und in Gefängnissen eingesetzt, als sogenannte *Token Economy.* Für sein Wohlverhalten bekam ein Patient oder Insasse einen Token, eine Marke oder einen Chip. Eine bestimmte Anzahl davon ließ sich in etwas Erfreuliches umtauschen, wie eine Stunde Fernsehen oder ein Freigang.

Wir kennen das Prinzip bei uns von Supermarktketten. Dort kann man seit Jahren beim Bezahlen Punkte sammeln. Das sind moderne Token. Diese Punkte können als Geldbeträge oder Prämien ausgezahlt werden. So wird der Vorgang des Bezahlens durch ein positives Element versüßt. Auch die Bindung des Kunden an die Marktmarke wird gestärkt.

Ein anderes attraktives Beispiel kommt aus Schweden. Wie bei uns gibt es dort Straßenabschnitte, auf denen die Geschwindigkeit begrenzt ist. Dort kann es passieren, dass man bei einer Überschreitung geblitzt wird. Der Sinn ist natürlich, durch Bestrafung eine Besserung des Verhaltens zu erreichen. Durch einen spürbar negativen Stimulus soll etwas Positives bewirkt werden. Der ganze Bußgeldkatalog basiert auf dieser Denkweise. Sie funktioniert aber nur bedingt. Denn jeder Strafzettel erzeugt ein gewisses Maß an Ärger. Um Verhaltensbesserung zu erreichen, ist negatives Feedback weniger effektiv als positives. Das aber erhalten Verkehrsteilnehmer nie. Jedenfalls nicht bei uns.

Anders ist es in einigen schwedischen Städten. Dort wurde das negative Feedback für Geschwindigkeitsüberschreiter in geschlossenen Ortschaften durch positives Feedback für die gesetzestreuen Fahrer ergänzt. Der Ansatz ist so einfach wie genial. Alle vorbildlichen Autofahrer, die den Kontrollpunkt passieren, nehmen an einer Lotterie teil, die als Preisgeld jene Bußgelder ausschüttet, die von den Schnellfahrern kassiert werden. Die regelkonformen Fahrer fühlen sich gut und werden belohnt. Eine erfolgreiche Gamification des an sich leidigen Themas Geschwindigkeitskontrolle.

Letztlich kann alles gamifiziert werden, selbst die Arbeitswelt. Nehmen wir die Firma *Microsoft* und ihr Produkt *Windows*. Es wird in fast allen Ländern und in sehr vielen Sprachen verkauft. Die Bedienungshandbücher wurden anfangs von Profis übersetzt. Doch stellte sich heraus, dass die Übersetzungen in manche Sprachen zu wünschen übrig ließen.

Microsoft fand eine Lösung. Das Unternehmen hat eine multikulturelle Belegschaft. Die Geschäftsführung rief ihre zweisprachigen Mitarbeiter auf, die Übersetzungen der Profi-Übersetzer zu verbessern. Für besonders gelungene Verbesserungen wurden die entsprechenden Mitarbeiter öffentlich gelobt und materiell belohnt. Das ist Gamification durch Gratifikation.

Die Belegschaft fasste den Aufruf nämlich als Wettbewerb mit den Übersetzern auf. Intern nannte man es das *Translation Game*, also Übersetzungswettkampf. Es beteiligten sich enorm viele Mitarbeiter. Das Spiel erzeugte eine besondere emotionale Verbundenheit mit dem Produkt. Speziell für jene, die in ihrer eigenen Muttersprache einen positiven Beitrag zum Handbuch geleistet hatten. Gamification ist also kein Gimmick und keine Spielerei. Ihr Erfolg basiert darauf, dass gamifizierte Situationen unsere Emotionen ansprechen.

Auch die wissenschaftliche Forschung kann gamifiziert werden. Ein besonders eindrucksvolles Beispiel gibt es bei der Aids-Forschung. Dort wurde 2011 ein großer Durchbruch erzielt. Damals hatten weltweit Dutzende Wissenschaftler bereits ein Jahrzehnt lang vergeblich versucht, die Struktur eines Proteins zu rekonstruieren, das eine entscheidende Rolle bei der Vermehrung des Aids-Virus spielt. Alle darin enthaltenen Aminosäuren konnten ermittelt werden, doch nicht die räumliche Struktur des kompliziert geformten Moleküls. Dieses Wissen war aber nötig, um besagtes Protein mit einem Medikament unwirksam zu machen.

Als letzten Ausweg erfanden die Wissenschaftler das Computerspiel *Foldit*. In diesem Spiel werden Molekülketten als dreidimensionales Modell auf dem Computerbildschirm zusammengebaut. *Foldit* bietet den Spielern unendliche Möglichkeiten zum Falten und Verschlingen. Für jedes neu zusammengebaute Molekül errechnet die Spielsoftware einen Energiewert. Ziel des Spiels ist es, aus den bekannten Aminosäuren eine Molekülstruktur mit minimalem Energiewert zusammenzusetzen. Denn die Natur wählt immer die Form mit dem niedrigsten Energieverbrauch.

Die Wissenschaftler veröffentlichten *Foldit* und baten die internationale Gemeinschaft der Gamer um Hilfe. Rund 60 000 Mitglieder der Gaming Community beteiligten sich. Ein riesiges Volumen an Schwarmintelligenz, das auf ein einziges, klar umrissenes Ziel fokussiert war. Und es klappte! Nach nur drei Wochen gelang es einem Gamer, die Lösung zu finden. Das gesuchte Proteinmolekül hat eine besonders elegante und subtile Form, die den Wissenschaftlern zuvor entgangen war. Die menschlichen Fähigkeiten der Mustererkennung in Kombination mit einem Schwarm motivierter und erfahrener Spieler machten schließlich den Unterschied.

Warum sollte man Muster hinterfragen?

Mustersuche ist menschlich, wie wir schon wissen. Doch nicht nur wir Menschen haben eine starke Neigung, in einer mit Zufallseinflüssen gespickten Welt Muster zu erspähen. In einer wissenschaftlichen Arbeit mit dem Titel *Superstition in the pigeon – Aberglaube bei der Taube* wies der Psychologe Burrhus F. Skinner (1904 bis 1990) vor mehr als einem halben Jahrhundert eine ähnliche Neigung bei diesen Tieren nach. Auch Tauben verspüren unter bestimmten Umständen den Drang, im Kontext eines zusammenhanglosen Durcheinanders Zusammenhänge herbeizuführen. Sie richten sogar ihr Verhalten danach aus.

Das Experiment war denkbar einfach. Skinner hatte hungrige Tauben einzeln in Käfige gesetzt. In diese fiel aus einem Spender genau alle 15 Sekunden ein Futterkorn, egal, was die Tauben im Käfig taten. Die Tauben verhielten sich zwischen den Futtergaben nicht etwa ruhig und verharrten in Warteposition. Vielmehr verbrachten sie die Wartezeit damit, ritualisierte Verhaltensweisen an den Tag zu legen. Eine Taube etwa drehte sich zwischen zwei Futtergaben im Kreis, eine zweite inspizierte die Käfigwand in einer bestimmten Weise, eine dritte bewegte rhythmisch den Kopf.

Der Grund dafür war einfach. Als das erste Korn in den Käfig fiel, hatte jede Taube gerade eine zufällige Bewegung gemacht. Diese wurde scheinbar durch Futter belohnt. Die Tiere stellten jedenfalls intuitiv einen Zusammenhang her und führten deshalb die Bewegung erneut aus, was wieder belohnt wurde. So erhielt die gezeigte Verhaltensweise erneut ein positives Feedback. Psychologen sprechen bei diesem Phänomen von *operanter Konditionierung.*

In einer modifizierten Versuchsanordnung untersuchte Skinner, welche Handlungen die Tauben ausführen, wenn die Futtergaben in willkürlichen Abständen erfolgen statt wie zuvor alle 15 Sekunden. Im Prinzip ergab sich dasselbe Ergebnis. Die Tauben probierten allerlei Verhaltensweisen aus, die durch Zufall zwei- oder dreimal der Futtergabe direkt vorausgegangen waren. Einmal begonnen, führten sie diese Bewegungen ständig aus, auch wenn sie zwischendurch nicht zum Erfolg führten.

Skinner deutete das in Analogie zum Aberglauben bei Menschen als eine objektiv gesehen nicht sinnvolle Verhaltensweise, die auf einem irrigen Glauben an nicht existierende Zusammenhänge beruht. Die Tauben *glaubten* offenbar an einen kausalen Zusammenhang zwischen ihrem Ritual und der Gabe von Futter. Bei einem beeindruckenden Vortrag, den ich 1986 an der Harvard-Universität hörte, brachte Skinner diesen Mechanismus mit der Entstehung religiöser Rituale in Verbindung.

Sie schmunzeln vielleicht über die Tauben. Doch ähnliche Marotten finden sich auch bei Menschen. Ein Sportler trägt beispielsweise jahrelang dieselben Socken zu seinen Wettkämpfen, nachdem er zufällig zweimal in ihnen gewonnen hat. Jemand geht an einem Freitag, den Dreizehnten, nicht aus dem Haus oder versucht, sich durch einen Talisman vor negativen Einflüssen zu schützen.

Ein vehementer Gegner des von B. F. Skinner vertretenen psychologischen Ansatzes war der Psychoanalytiker Erich Fromm. International bekannt wurde er als Autor des Klassikers *Haben oder Sein.*

Beide, Fromm und Skinner, nahmen einst an einer Konferenz teil. Während der Tagung hielt Fromm eine vehemente Rede gegen Skinners Forschungen zur operanten Konditionierung. Er war der Meinung, dass man Menschen nicht mit Tauben vergleichen könne.

In seiner Autobiografie schrieb Skinner später, Fromm habe ihn damit so verärgert, dass er sich spontan entschloss, seine Theorie an Fromm noch während dessen Rede auszuprobieren. Er schob seinem Tischnachbarn einen Zettel zu mit der Ankündigung: »Ich werde Erich jetzt operant konditionieren. Achte auf seine linke Faust.«

Skinner saß nicht weit von Fromm entfernt und widmete diesem nun seine ungeteilte Aufmerksamkeit. Fromm gestikulierte während seines Vortrags vehement. Immer, wenn er seine linke Hand erhob, schaute Skinner ihn direkt an. Wenn er sie nach unten bewegte, nickte Skinner zustimmend und lächelte. Unbewusst setzte Fromm seine linke Faust nun immer häufiger ein, schließlich so vehement, dass ihm seine Armbanduhr vom Handgelenk rutschte. Skinners Tischnachbar, sichtlich beeindruckt von der Darbietung, schrieb auf den Zettel: »Kannst du das auch wieder stoppen?« Skinner schaute Fromm nun nicht mehr direkt an und stellte sein zustimmendes Nicken ein. Die Faustbewegungen hielten zunächst an und schwächten sich dann langsam ab.

Eindrucksvoll, aber nicht ganz die feine englische Art. Auch Skinner scheint das gespürt zu haben. Etwas schuldbewusst schreibt er in seiner Autobiografie: »Es war ein unfaires Spielchen. Aber Fromm hatte mich verärgert.«

Noch eindrucksvoller hat der amerikanische Psychologe Stuart Vyse das Thema in seinem Buch *Die Psychologie des Aberglaubens* herausgearbeitet. Darin beschreibt er ein Experiment, bei dem sich Studenten unter Laborbedingungen mit einem Videospiel beschäftigen.

Bei diesem Spiel war ein Gittermuster mit 5 x 5 Kästchen auf dem Bildschirm zu sehen, und anfangs befand sich im linken oberen Kästchen ein Kreis. Dieser ließ sich mithilfe von Tasten nach unten und nach rechts bewegen. Die Versuchsteilnehmer bekamen den Auftrag, durch Betätigen der Tasten den Kreis so durch das Gitter zu manövrieren, dass sie möglichst viele Punkte bekommen. Sie erhielten jedoch keine Informationen darüber, wofür es diese Punkte gab.

Tatsächlich erfolgte die Punktvergabe völlig willkürlich. Ob und wie viele Punkte vergeben wurden, stand in keiner Beziehung zur Bewegung des Kreises mittels der Tasten.

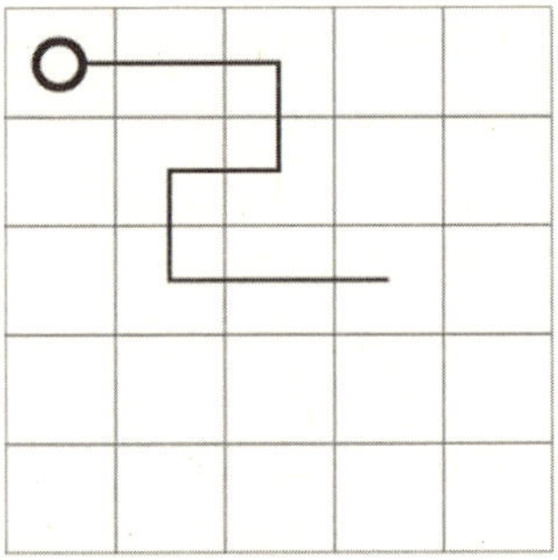

Abb. 5: Das Videospiel von Stuart Vyse

Auch in diesem Setting geschah etwas Unvermutetes. Die Studenten entwickelten erstaunlich detaillierte Gedankenkonstruktionen darüber, was die Vergabe von Punkten ihrer Meinung nach auslöste. Ein Student meinte: »Man muss ganz bestimmte Kästchen treffen, die sich von Versuch zu Versuch nach einem komplizierten Schema ändern, sodass man nie genau weiß, um welche es sich handelt.« Ein anderer Student bestand darauf, es seien unbedingt bestimmte Bereiche zu meiden. Wieder ein anderer war der Ansicht, man müsse die Tasten ganz sacht betätigen.

Bemerkenswert ist dabei, dass die Studenten nicht in der Lage waren, ihre Theorien zu falsifizieren. Die Anwendung ihrer Hypothesen führte unweigerlich zu Misserfolgen. Daraufhin begannen sie jedoch nicht etwa, an ebendiesen Hypothesen zu zweifeln. Im Gegenteil, sie blieben bei der Ansicht, ihre Vermutungen seien korrekt, sie hätten nur bei der Umsetzung Fehler gemacht. Alle Probanden reagierten zudem mit ausgeprägtem Unglauben, als der Versuchsleiter ihnen am Ende offenbarte, die Punkte seien nicht nach einem strukturierten System, sondern nach dem Zufallsprinzip vergeben worden. Einige Studenten waren nicht davon zu überzeugen.

Die von Stuart Vyse klug ausgedachte Studie zeigt die enorme menschliche Neigung zur Musterbildung. Was aber ist der Grund dieser Erzeugung von Mustern quasi aus dem Nichts heraus? Evolutionsbiologen sind der Ansicht, der Mensch verfüge in seinem Gehirn über ein Modul, das auf die Erkennung von Mustern und die Bewertung von Zusammenhängen spezialisiert ist. Dieses Modul ist mit besonderen Aufgaben betraut. So wie andere für die Risikobewertung in gefährlichen Situationen, den Umgang mit Wahrscheinlichkeiten oder die Einschätzung sozialer Beziehungen zuständig sind, soll dieses Areal nur Muster und Zusammenhänge aufspüren. Für jedes gefundene Muster wird es durch die Ausschüttung von Glückshormonen belohnt.

Diese Theorie erklärt die hohe Falsch-positiv-Rate bei der Mustersuche. Wir Menschen fühlen uns im Chaos sehr unwohl und beginnen sofort, in beliebigen Daten nach Mustern zu suchen. Sobald wir meinen, Muster entdeckt zu haben, klammern wir uns daran. Es ist gut, sich dessen bewusst zu sein, obwohl uns das Finden eines Musters glücklich macht.

Sind wir gemeinsam wirklich stärker?

»Gemeinsam sind wir stärker«, sagt eine Redewendung. Das ist die verbreitete Meinung. Ein Team ist mehr als die Summe der Fähigkeiten seiner Mitglieder. Aber stimmt das überhaupt?

Im Jahr 1882 untersuchte der französische Ingenieur Maximilien Ringelmann dieses Phänomen. Dazu ließ er eine Gruppe von

Männern an einem Tau ziehen, das an einer Wand befestigt war. Die Vorgabe war, dass jeder mit äußerster Kraft ziehen und alles aus sich herausholen sollte. Zog jeder Mann für sich allein, entsprach die ausgeübte Kraft im Durchschnitt 63 kg. Zogen die Männer in Paaren, war die ausgeübte Kraft im Schnitt nicht doppelt so groß. Sie entsprach nicht 2 x 100 Prozent, sondern nur 2 x 93 Prozent. Bei drei Personen betrug sie nur 3 x 86 Prozent. Mit jeder hinzukommenden Person ging es prozentual abwärts. Die Gesamtleistung reduzierte sich bis hin zu 10 Personen annähernd linear um jeweils 7 Prozentpunkte für jede weitere Person. Das ist die sogenannte *Ringelmann-Formel für Gruppenleistungen.* Aus ihr geht hervor, dass acht Personen als Gruppe nur etwa so viel Leistung erbringen wie vier einzelne Personen.

Der Ringelmann-Effekt ist weit verbreitet. Er zeigt sich in vielen Teams, insbesondere in der Wirtschaft, wo Teamwork gang und gäbe ist. Psychologen sprechen von *Sozialem Faulenzen,* denn der Effekt resultiert aus der allzu menschlichen Neigung, sich in Gruppen unbewusst weniger anzustrengen. Der Leistungsabfall ist umso stärker, je weniger erkennbar ist, welchen Beitrag das einzelne Mitglied zur Gruppenleistung liefert. Auch hängt er davon ab, ob der Einzelne seinen eigenen Beitrag und dessen Nachlassen wahrnehmen kann. Je weniger das der Fall ist, desto weniger leistet er typischerweise. Soziales Faulenzen konterkariert die möglichen Synergieeffekte in Gruppen, die mit erfolgreicher Zusammenarbeit erzielt werden können. Teamleiter sollten sich dieses Effekts und der Möglichkeit des »Gemeinsam sind wir schwächer« bewusst sein.

Soziales Faulenzen kann aber vermieden werden. Zum Beispiel, wenn die Teamleitung es durch Teamdesign, Teamgröße, Aufgabenverteilung sowie durch moderne Personalführung schafft, die Leistung jedes Einzelnen für alle spürbar zu machen und zu würdigen. Was die Gruppengröße angeht, benutzt der Amazon-Gründer Jeff Bezos die *Doppelte-Pizza-Regel:* Sind zwei große

Pizzen zu wenig für die ganze Gruppe, ist sie zu groß. Für die Mehrzahl der Zwecke sind Gruppengrößen von fünf bis acht Personen also genau richtig.

In diesem Sinn ist eine Fußballmannschaft bereits zu groß. Deswegen ist es interessant, dass sich bisweilen beim Fußball eine Bestätigung des sozialen Faulenzens und seines Gegenteils, der sozialen Aktivierung, bemerkbar macht. Wenn eine Mannschaft durch Platzverweis dezimiert wird, führt das manchmal dazu, dass die verbliebenen Spieler sich noch mehr anstrengen. Nicht selten fällt es dem überlegenen Team ausgesprochen schwer, die Überzahl zu nutzen.

Das lässt sich anhand von Daten aus der deutschen Fußballbundesliga überprüfen. Eine Studie stellte fest, dass es nach Platzverweisen nur in 20 Prozent der Fälle eine Veränderung des Spielergebnisses zugunsten der größeren Mannschaft gab und in immerhin 10 Prozent der Fälle sogar eine Veränderung zugunsten der Mannschaft in Unterzahl. Bei 70 Prozent der Spiele bestand am Ende die gleiche Tordifferenz zwischen den Mannschaften wie beim Platzverweis. Rechnet man den Effekt der Roten Karte statistisch auf die Spielzeit um, so ist er im Schnitt mit knapp einem Drittel Tor pro Halbzeit für das Überzahlteam anzusetzen, was ziemlich wenig ist. Damit ist der Effekt kaum größer als der Heimvorteil, der bei einem halben Tor pro Spiel liegt. Auch dabei zeigt sich also, dass wir gemeinsam nicht in jedem Fall mehr leisten können.

Warum sollte man große Probleme in kleine zerlegen?

Enrico Fermi (1901 bis 1954) war ein italienischer Atomphysiker, der in den USA arbeitete. Er war maßgeblich am Bau der amerikanischen Atombombe beteiligt. Beim Test der ersten Bombe in der Wüste des Bundesstaates New Mexico befand er sich nur wenige Kilometer vom »Ground Zero« entfernt, dem Ort der Detonation. Als Fermi die Ausläufer der Druckwelle spürte, warf er einige Papierschnipsel in die Luft und beobachtete, wie weit sie weggetragen wurden. Damit schätzte er die Sprengkraft der Bombe ab. Als später die Messdaten der Sensoren ausgewertet wurden, erwies sich seine Überschlagsrechnung als ziemlich präzise. Solche und ähnliche Schätzungen auf der Basis geringer oder gänzlich fehlender Informationen waren seine Spezialität. Heute werden sie in der Mathematik als *Fermi-Rechnungen* bezeichnet.

Fermi war der Meinung, dass jeder Wissenschaftler die Fähigkeit haben sollte, alles und jedes in der richtigen Größenordnung abzuschätzen. Später meinte er sogar, jeder sollte das können. Seinen Studenten stellte er die aberwitzigsten Fragen, um ihr Gespür für die erforderlichen Kalkulationen zu trainieren. Einmal wollte er zum Beispiel von ihnen wissen, wie viele Klavierstimmer es in Chicago gibt.

Das ist ein typisches Fermi-Problem. Hört man die Frage zum ersten Mal, hat man keinen blassen Schimmer, wie der Weg zu einer Antwort aussehen könnte.

Um dieses Problem näher an unsere Lebenswirklichkeit heranzuholen, wollen wir die Zahl der Klavierstimmer in Deutschland schätzen und daran die grundsätzliche Vorgehensweise bei Fermi-Rechnungen demonstrieren. Die Grundidee besteht darin, das Problem in aufeinander aufbauende Teilprobleme zu zerlegen. Das erfordert eine Reihe einzelner Lösungsschritte, und bei jedem Schritt wird eine Abschätzung vorgenommen, die schließlich zum Ziel führt.

In unserem Klavierstimmer-Beispiel könnten die Einzelschritte so aussehen: Wir schätzen ab, wie viele Einwohner Deutschland hat, in wie vielen Haushalten sie leben, wie viele der Haushalte ein Klavier haben, wie oft ein Klavier gestimmt wird, wie lange das Stimmen dauert und wie viel Arbeitszeit das Stimmen aller Klaviere in einem bestimmten Zeitraum erfordert. Die Abschlussfrage lautet dann, wie viele Klavierstimmer man braucht, um diese Arbeitsstunden im betrachteten Zeitraum zu bewältigen, wenn die Klavierstimmer eine festgelegte Anzahl von Stunden pro Tag arbeiten.

Bei keinem der Schritte kennen wir die genaue Antwort. Wir können sie aber durch einen Schätzwert annähern. Einige dieser Näherungswerte werden zu groß sein, andere zu klein. Das hat den Vorteil, dass sich die bei jedem Schritt anfallenden Fehler in ihrer Gesamtheit nicht hochschaukeln, sondern teilweise gegenseitig aufheben. Es gibt also kein Fortpflanzen von Fehlern oder einen exponentiellen Anstieg, sondern gewissermaßen eine Art natürlichen Ausgleich. Die so ermittelten Antworten auf Fermi-Fragen erweisen sich deshalb als überraschend genau. Viel genauer, als man es aufgrund der Vielzahl der Einzelschätzungen mit allen Unwägbarkeiten zunächst vermutet. Die gute Qualität von Fermi-Rechnungen wird durch Fallstudien bestätigt, bei denen die geschätzten Ergebnisse mit der Realität verglichen wurden.

Es ist ratsam, für die Näherungswerte runde Zahlen zu wählen, damit alle Kalkulationen im Kopf ausgeführt werden können. Selbst wenn wir wissen, wie viele Menschen in Deutschland leben (83,2 Millionen Ende 2019), sollten wir mit der gerundeten Zahl von 80 Millionen arbeiten. Mit dieser Zahl als Anfangswert setzen wir das skizzierte Programm in die Tat um. Nehmen wir an, ein durchschnittlicher deutscher Haushalt besteht aus 4 Personen. Das sind dann

80 Millionen : 4 = 20 Millionen Haushalte

Wie viele dieser Haushalte besitzen ein Klavier? Sagen wir, jeder zehnte Haushalt. Somit sind wir bei

20 Millionen : 10 = 2 Millionen Klavieren

in Deutschland. Nehmen wir weiter an, dass nur jedes fünfte Klavier regelmäßig gestimmt wird, im Schnitt einmal im Jahr. Das ergibt 400 000 zu stimmende Klaviere pro Jahr.

Für das Stimmen eines Klaviers inklusive Anfahrt schätzen wir zwei bis drei Stunden Arbeitszeit. Ein Klavierstimmer arbeitet schätzungsweise acht Stunden am Tag, fünf Tage die Woche, rund 50 Wochen im Jahr. Er schafft damit drei Klaviere täglich, 15 wöchentlich, 750 jährlich. Bringt man die beiden Teilergebnisse zusammen, muss es in Deutschland

400 000 Klaviere : 750 gestimmte Klaviere pro Jahr
≈ 530 Klavierstimmer

also rund 500 Vollzeit-Klavierstimmer geben. Das ist unsere Antwort auf die Ausgangsfrage und unser Schätzwert für die richtige Größenordnung. Es sind eher 500 Klavierstimmer als 50 oder 5000.

Das ist zwar eine Schätzung, aber keine wilde Pi-mal-Daumen-Schätzung aus dem hohlen Bauch. Sie ist systematisch und hat einen Modularisierungsansatz. Der wiederum basiert auf dem Motiv von »divide et impera«.

»Teile und herrsche« ist eine universell ratsame Verfahrensphilosophie für alle Probleme mit Hyperkomplexität. Probleme, die so komplex sind, dass sie als Ganzes nicht lösbar sind, werden dabei in kleinere, einfachere und möglichst voneinander unabhängige Portionen zerlegt. Also in Module, wie man heute sagt. Diese Module lassen sich einzeln bearbeiten. Am Ende ergibt sich aus den Einzellösungen die Gesamtlösung. Sind die Teilprobleme immer noch zu groß, werden auch diese in Module zerlegt. So lange, bis man auf lösbare Unterprobleme trifft, deren Ergebnisse dann wie Puzzleteile kombiniert werden.

Diese Art der Problemzerlegung zum Zweck des modularen Arbeitens, verbunden mit dem späteren Zusammenführen aller Teillösungen, ist eine der wichtigsten Techniken der Informatik. Die Teilprobleme werden in der Regel mit jedem Schritt einfacher zu lösen. Bei komplizierten Strategien kann jedoch ein sorgfältiges Management der Unterprobleme und ihrer Lösungen nötig werden.

Okay, also etwa 500 Klavierstimmer in Deutschland, das ist unsere Schätzung. Der Wert erscheint plausibel. Einen solchen Plausibilitätscheck sollte man bei Schätzungen jeder Art vornehmen. Wir können sie aber in diesem Fall sogar überprüfen, weil es die Möglichkeit gibt, die genaue Anzahl herauszufinden. Eigentlich hätten wir gar nicht schätzen müssen. Da wir das aber nun einmal gemacht haben, können wir unseren Schätzwert mit der Wirklichkeit vergleichen. Das ist pädagogisch wertvoll und befriedigend, denn der Vergleich erlaubt uns, die Brauchbarkeit unserer Schätzmethode zu bewerten.

Praktisch alle Klavierstimmer Deutschlands sind Mitglied in ihrer Standesorganisation, dem BDK. Die Webseite des Bundes Deutscher Klavierbauer informiert, dass die Mitgliederzahl der Klavierstimmer seit Jahren stabil ist und bei etwas über 500 liegt. Eine famose Bestätigung für unseren Fermi-Schätzwert!

Was uns dieses Wissen bringt? Es kann sehr nützlich sein. Zum Beispiel für jemanden, der sich überlegt, ob er in Frankfurt ein Spezialgeschäft eröffnen soll, das Bedarfsartikel und Werkzeuge für Klavierstimmer vertreibt. Wenn mit einer anderen Fermi-Rechnung ermittelt wird, dass man 100 potenzielle Kunden braucht, damit das Geschäft einen Gewinn erwirtschaftet, so wird schnell deutlich, dass sich ein solches Geschäft ganz und gar nicht lohnen würde. Nicht einmal in einer Großstadt wie

Frankfurt. Denn Frankfurt hat etwa 800 000 Einwohner. Das ist ein Hundertstel der Bevölkerung von ganz Deutschland. Demnach ist davon auszugehen, dass es auch nur den hundertsten Teil aller Klavierstimmer beherbergt. Das wären dann nur fünf.
Fermis Modularisierungsansatz ist ein Allzweck-Tool. Für jedes Problem gibt es eine Fermi-Lösung. Haben Sie Lust, selbst eine Fermi-Rechnung durchzuführen? Na, dann habe ich hier eine interessante Frage für Sie: Wie viele Gymnasien gibt es in Deutschland?
Die Zahl der Gymnasien ist schwer einzuschätzen. Bemisst sie sich eher nach Hunderten, Tausenden oder Zehntausenden? Alles scheint möglich. Wenn Sie sich daran versuchen möchten, dann sollten Sie jetzt nicht weiterlesen.
Fangen wir an, das Problem zu zerlegen. Wir beginnen mit der Bevölkerungszahl Deutschlands: 80 Millionen. Die mittlere Lebenserwartung der Menschen in unserem Land beträgt ungefähr 80 Jahre. Gäbe es in jedem Alter von 1 bis 80 Jahren gleich viele Personen, so wäre das im Schnitt eine Million für jede dieser 80 Altersklassen. Die 9 Altersklassen von 10 bis 18 Jahren der Gymnasiasten würden demnach 9 Millionen Jugendliche umfassen.
Fragen wir uns kurz, ob jede Altersklasse von 1 bis 80 Jahren tatsächlich gleich stark besetzt ist. Offensichtlich ist das nicht der Fall. Denn einerseits gibt es weniger Menschen, die älter als 70 sind. Andererseits gibt es wegen der seit Jahrzehnten geburtenschwachen Jahrgänge auch weniger Menschen, die jünger als 20 sind. Deshalb korrigieren wir die geschätzte Zahl von 9 Millionen der 10- bis 18-Jährigen herunter auf 6 Millionen. Weiter schätzen wir, dass jeder Dritte in diesem Altersbereich aufs Gymnasium geht. So kommen wir auf 2 Millionen Gymnasiasten.
Ein typisches Gymnasium hat etwa 30 Klassen mit circa 20 Schülern in jeder Klasse. Das ergibt

30 x 20 = 600 Schüler

für ein durchschnittliches Gymnasium. Demnach werden

2 Millionen : 600 ≈ 3000 Gymnasien

benötigt. Damit liegt also die Anzahl deutscher Gymnasien höchstwahrscheinlich in der Größenordnung von wenigen Tausenden.

Was sagt die Wirklichkeit dazu? Laut Statistischem Bundesamt gab es im Jahr 2018 genau 3123 Gymnasien in Deutschland. Wieder war Fermis Mehrschritt-Verfahren mit plausiblen, aber nicht unbedingt präzisen Schätzungen bei jedem Schritt überaus erfolgreich. Als sich am Ende der Staub legte, trat etwas Ansehnliches zutage. Wir waren nur 4 Prozent von der tatsächlichen Anzahl entfernt.

Fazit: Wenn Sie etwas schätzen müssen, dann schätzen Sie es nicht einfach Pi mal Daumen. Zerlegen Sie das Schätzproblem in mehrere Teilschritte, für die Sie jeweils eigene Schätzungen vornehmen. So profitieren Sie von dem zu erwartenden Ausgleich der Fehler. So kommen Sie der Wahrheit oft überraschend nahe.

Wie alt ist mein Hund?

Haushalte in Deutschland mit Hund und solche ohne Hund halten sich die Waage. Insgesamt gibt es bei uns zehn Millionen Hunde. Wer Hundehalter kennt, weiß, dass sie meist eine innige Beziehung zu ihrem Haustier haben. Soll die Hundehaltung hundgerecht sein, ist zu bedenken, dass Hunde schneller altern als Menschen. Das ist bekannt.

Aber wie viel schneller altert ein Hund genau? Für die Umrechnung des Hundealters in ein Menschenalter gibt es eine einfache Faustregel. Man multipliziert das Hundealter mit 7. Demnach

entsprechen fünf Jahre bei einem Hund 35 Jahren bei einem Menschen. Und 10 Jahre wären 70 Jahre. Ganz einfach, diese Siebener-Regel.
Aber zu einfach. Die Formel ist ungenau, weil sie die unterschiedliche Schnelligkeit der Entwicklung nicht einbezieht. Hundeexperten sagen, das erste Hundejahr müsse mit 15 Menschenjahren verglichen werden, das zweite mit zehn und jedes weitere mit fünf Jahren. Demnach sind fünf Hundejahre

15 + 10 + 5 + 5 + 5 =
40 Menschenjahre

Ein zehnjähriger Hund ist etwa so alt wie ein Mensch mit

15 + 10 + 8 x 5 = 25 + 40 = 65 Jahren

also im besten Hunde-Pensionisten-Alter und nicht mehr so leistungsfähig wie nur zwei Jahre vorher. Darauf müssen Herrchen und Frauchen sich einstellen.

Hunde sind gelehrig. Sie können lernen, die Zahlen von 1 bis 5 zu unterscheiden. Bei gezieltem Training schaffen sie es sogar, die Bedeutung von ungefähr 250 Wörtern und Gesten zu erfassen. Mit ihren kognitiven Fähigkeiten stehen die Vierbeiner intellektuell somit auf der Stufe von 2-jährigen Kindern.

Was braucht man für eine gute Beziehung?

Bleiben wir bei den Hunden und den Menschen, die ihnen nahestehen. Es ist nur ein kleines Puzzleteil, passt aber wunderbar ins große Gesamtbild der Wirkung von Hunden auf die Wesen am anderen Ende der Leine. Laut einer Umfrage ist es nämlich so, dass 70 Prozent der deutschen Hundebesitzer ihren Partner über ihren Vierbeiner kennengelernt haben. Hunde sind nämlich ideal für die Anbahnung von Kontakten und infolgedessen fürs Anbandeln und Small Talk.

Ein amerikanischer Wissenschaftler ermittelte einst in einem Eigenversuch, dass seine Chancen beim Spaziergang mit Hund dreimal so groß waren, von einer Frau, die er auf der Straße angesprochen hatte, nach einer netten Plauderei die Telefonnummer zu bekommen. Vielleicht wären seine Chancen noch größer, wenn die Angesprochene auch Hundehalterin ist. Aber darüber liegen keine Informationen vor.

Hunde haben eine aus medizinischer Sicht positive und nicht ganz unbedeutende Wirkung für ihre Frauchen und Herrchen: Das Streicheln von Hunden senkt den Blutdruck. Der Hund ist demnach nicht nur Helfer, sondern auch Heiler des Menschen.

Hunde erleichtern also das Ins-Gespräch-Kommen und somit die Partnersuche. Erweitert man den Blick von den Hundehaltern auf die Gesamtbevölkerung, stellt man jedoch fest, dass die Hälfte der Singles nicht auf der Hundespielwiese, sondern im Internet nach einem Partner oder einer Partnerin sucht. Das ergab eine groß angelegte Umfrage. In Chats, Single-Börsen, Dating-Portalen und Communitys hoffen die mehr als zwei Millionen Singles in Deutschland fündig zu werden.

Das Internet hat tatsächlich unsere gesamte Dating-Kultur grundlegend verändert. Mehr als 30 Prozent der Befragten gaben an, dass online getroffene Verabredungen in eine Beziehung mündeten. Die schlechte Nachricht: Nur 17 Prozent dieser Beziehungen waren von Dauer. Zum Vergleich: 39 Prozent der Befragten hatten ihren Partner über gemeinsame Freunde, 15 Prozent an der Arbeitsstelle kennengelernt.

Eine besondere Form der Partnersuche läuft über Vermittlungsagenturen. Eine Studie amerikanischer Wissenschaftler zeigt, dass darüber zustande gekommene Partnerschaften überdurchschnittlich glücklich sind und im Mittel länger Bestand haben.

Und noch eine Entwicklung hinterlässt Spuren in der modernen Kennenlernpraxis. Seit 2010 gibt es in unserer Gesellschaft mehr weibliche als männliche Universitätsabsolventen. Gegenwärtig haben in Deutschland 7 Prozent mehr Frauen als Männer einen Uniabschluss. In den USA liegt der Überschuss sogar bei 35 Prozent. Gebildete Frauen bevorzugen in der Regel Partner mit einem ähnlichen Bildungsniveau, gebildete Männer akzeptieren hingegen Frauen mit weniger Bildung, wenn sie attraktiv sind. Dadurch wird der gut ausgebildete Mann auf dem Markt für Beziehungen zum knappen Gut.

Befassen wir uns eingehender mit den besonderen Aspekten des digitalen Datings. Die Beziehungsanbahnungsbranche verfügt mittlerweile über enorm viele Daten. Damit einher geht ein großes Wissen darüber, wie Menschen verschiedenen Alters und Geschlechts mit unterschiedlichen Persönlichkeiten und Präferenzen eine Partnerschaft aufzubauen versuchen. Man weiß, welche Bemühungen erfolgreich sind, also tatsächlich dazu führen, dass Beziehungen eingegangen werden, und von welcher Dauer diese Beziehungen sind.
Arne Kahle, der Erfinder des Satzes *Alle 11 Minuten verliebt sich ein Single …*, hat eine halbe Million solcher Beziehungen gestiftet und die Beziehungsmuster analysiert. Er verfügt über einen reichen Wissensschatz und machte in einem Interview ein paar hochinteressante Angaben.

- Besonders aktiv im digitalen Dating sind demnach Großstädter. Bei ihnen ist aber auch die Scheidungsrate höher als 50 Prozent, denn nicht wenige können selbst nach der Hochzeit nicht vom Daten lassen.
- Viele Menschen versuchen neuerdings, ihre Beziehungen nach Art einer Collage zu konstruieren. So bekommen sie zwar manchmal, was sie wollen. Das muss nicht unbedingt das sein, was sie brauchen. Als Beispiel führt Kahle das Attribut Dominanz an. Zwei dominante Menschen finden sich oft gegenseitig attraktiv und fühlen sich zueinander hingezogen. Ehen zwischen dominanten Menschen halten jedoch häufig nur zwei oder drei Jahre.
- Beziehungsmuster, die dagegen gut und längerfristig funktionieren, sind zum einen zwei gleich gut gebildete Partner oder der erfolgreiche Mann mit hohem Einkommen in Verbindung mit einer weniger erfolgreichen, attraktiven Frau.
- Die Art von Partnerschaft, die nach bisherigen Daten kaum funktioniert, besteht aus einer erfolgreichen Frau und einem weniger gut ausgebildeten Mann mit geringerem Einkom-

men. Aufgrund der oben erwähnten Bildungsschere wird dieses Miteinander aber allein schon aus zahlenmäßigen Gründen zunehmen.

In den vergangenen beiden Jahrzehnten des Online-Datings taten sich Frauen auch schwer, körperlich kleinere Männer als Partner zu akzeptieren. Es gibt verschwindend wenige Ehen zwischen größeren Frauen und kleineren Männern.
Ist wenigstens die viel gepriesene zweite Ehe besser als die erste? Nein, keineswegs. Die Chance, dass die zweite Ehe Bestand hat, liegt bei nur einem Zehntel der Chance, die man mit der ersten Ehe hatte. Das ist ein deprimierend kleiner Wert für die Hoffnung, beim zweiten Mal endlich den Menschen fürs Leben zu finden.
Doch bedenken Sie auch, was Beziehungsexperte Kahle als Fazit zieht: »Menschen werden nicht glücklicher, wenn sie sich alles selbst aussuchen können. Maximale Freiheit und maximale Optimierung führen nicht zu maximalem Glück.«

Wie kann man Multiple-Choice-Tests austricksen?

Multiple-Choice-Tests begegnen uns bei vielen Gelegenheiten von der Führerscheinprüfung über Einstellungstests bei der Jobsuche bis hin zu Klausuren an Schulen, Hochschulen und Universitäten. Es ist deshalb ausgesprochen wichtig, sie zu meistern. Die beste Strategie dafür besteht natürlich darin, sich vorab das nötige Wissen anzueignen, damit man beim Ankreuzen die benötigte Punktzahl zusammenbekommt. Manchmal reicht das eigene Wissen aber nicht aus, um eine Frage richtig zu beantworten. Was dann?

Die Frage offenzulassen oder eine Zufallsantwort zu wählen, ist nicht die beste Strategie. Vorteilhafter ist es, auf Taktiken zurückzugreifen, die sich aus dem Testaufbau ableiten lassen. Doch Vorsicht, es gibt sehr viele Mythen über Multiple-Choice-Tests. Mehr bringt es, sich auf Studien zu verlassen, die solche Tests genau untersucht haben.

Als Erstes sollte man etwas über die Teststruktur in Erfahrung bringen.

- Handelt es sich um Fragen, bei deren Beantwortung man sich nur zwischen Richtig und Falsch entscheiden muss?
- Oder um *multiple choice* im wahrsten Sinn des Wortes mit mehr als zwei Antwortmoglichkeiten?
- Ist immer nur eine Antwort richtig oder eventuell mehrere?
- Wie sieht es mit dem Bewertungsschema aus? Gibt es immer nur einen Punkt für eine richtig beantwortete Frage?
- Gibt es Bonuspunkte bei mehr als einer richtigen Antwort?
- Gibt es Punktabzüge für falsche Antworten?

All das sollte man vorab in Erfahrung bringen. Denn die Grundregel lautet: Unterschätze niemals einen Multiple-Choice-Test. Zwar steht das gesamte benötigte Wissen auf dem Testbogen.

Man muss sogar nur die richtige Antwort auswählen und ankreuzen. Ganz im Unterschied zu normalen Klausuren, bei denen das Wissen ohne Anhaltspunkte wiedergegeben werden muss. Ankreuzen klingt aber viel leichter, als es ist. De facto sind Multiple-Choice-Tests nämlich genauso schwer wie andere Testvarianten. Die Entwickler dieser Verfahren versuchen natürlich, ihre Fragen so zu stellen, dass nur Menschen, die über das entsprechende Wissen verfügen, die richtigen Antworten ankreuzen können.

Im Fragebogen sind die Antworten deshalb auch nach dem Zufallsprinzip angeordnet. Doch zum einen ist es Menschen fast unmöglich, sich ohne Hilfsmittel wie etwa Zufallsgeneratoren, Würfel oder Münzen wirklich zufällig zu verhalten. Zum anderen beinhaltet jede rein zufällige Anordnung auch Cluster. Testentwickler versuchen diesen Fall jedoch in der Regel zu umgehen und vermeiden zum Beispiel, viermal hintereinander B als richtige Antwort zu haben.

Aus dem Wissen über die Anordnung der Antworten ergeben sich ein paar nützliche Tipps. Beginnen wir mit den Tests, bei denen es nur zwei Antwortmöglichkeiten gibt, also Ja oder Nein, Richtig oder Falsch.

- Beantworten Sie zunächst die Fragen, bei denen Sie die Antwort sicher wissen.
- Schauen Sie sich das Umfeld bei einer dann noch offenen Frage an.
- Sind die von Ihnen angekreuzten Antworten direkt vor und nach einer offenen Frage gleich, kreuzen Sie das Gegenteil an. Warum? Testentwickler bauen mehr Wechsel ein, als bei einer rein zufallsgesteuerten Abfolge vorkommen würden.
- Sind die angekreuzten Antworten davor und danach nicht gleich, beantworten Sie die Frage mit Ja bzw. Richtig. Statistische Erhebungen haben gezeigt, dass das bei 55 Prozent der Fragen die richtige Antwort ist. Fragestellern fällt es nämlich

leichter, eine Tatsache zu formulieren, als sich einen plausiblen, aber falschen Sachverhalt auszudenken.
- Gibt es keinen Abzug für falsch beantwortete Fragen, raten Sie bei noch offenen Fragen.

Die Tipps für Multiple-Choice-Tests mit mehreren Antwortmöglichkeiten sehen ein bisschen anders aus. Meist stehen vier Antworten zur Auswahl.
Wenn Sie eine Frage lesen, versuchen Sie zunächst, sie zu beantworten, ohne sich die Antwortmöglichkeiten anzuschauen.

- Bearbeiten Sie als Erstes die Fragen, bei denen Sie die Antworten sicher wissen.
- Bei den restlichen Fragen streichen Sie zuerst alle Antworten, die Sie ausschließen können. Auch durch das Ausschlussverfahren kann man zur Lösung gelangen.
- Bleibt mehr als eine Lösung übrig, sehen Sie sich die beiden Fragen direkt davor und danach an. Die dort angekreuzten Antwortmöglichkeiten lassen sich in der Regel ausschließen,

da Testdesigner meist die Stellung der richtigen Antwort in der Reihenfolge variieren. In zwei Drittel aller Fälle ist bei der nachfolgenden Frage ein anderer Antwortbuchstabe richtig als bei der vorhergehenden.

- Verwerfen Sie Ausreißer unter den aufgeführten Antworten. Fällt eine Antwort aus der Rolle, ist sie meist falsch. Eine Antwort, die einem direkt ins Auge sticht, ist ebenso meist falsch.
- Halten Sie Ausschau nach Paaren. Falls zwei Antworten genau das Gegenteil voneinander ausdrücken, ist wahrscheinlich eine davon korrekt. Das gilt auch, wenn zwei Antworten bis auf ein Wort identisch sind. Die falsche Option ist in der Regel vor der richtigen Option platziert.
- Teilen Sie die Antwortmöglichkeiten in Gruppen ein. Bei einer Frage sind diese vier Antwortmöglichkeiten vorgegeben:

  A. x – y
  B. x + 2y
  C. x + y
  D. x + 3y

Die Antwort A ist ein Ausreißer, da sie als einzige ein Minuszeichen enthält. Deshalb lässt sich A ausschließen. Die anderen drei bilden eine Gruppe. Zweitens lassen sich auch A und C als eine Gruppe auffassen, da beide Antworten eng aufeinander bezogen sind. Deshalb wird wahrscheinlich eine richtig sein. Da A schon ausgeschlossen wurde, kommt man so zu C als wahrscheinlichster Antwort, ohne überhaupt die Frage zu kennen.

- Die längste vorgegebene Antwort ist ebenfalls häufig richtig. Denn die Testentwickler wollen sichergehen, dass die richtige Antwort korrekt formuliert ist, um später Diskussionen zu vermeiden. Deshalb sind richtige Antworten meist sprachlich komplexer, da es schwerer ist, sie kürzerzufassen. Leichter ist es dagegen, falsche Antworten kurz zu halten.
- Eliminieren Sie Antworten nach dem Ausschlussprinzip, be-

ginnend mit der Antwort, die am wenigsten wahrscheinlich ist.

- Falls Sie vom Inhalt einer Antwort trotz Vorbereitung auf das Thema des Tests noch nie gehört haben, ist es unwahrscheinlich, dass sie richtig ist.
- Auch lustige oder verwirrende Antworten sind in der Regel falsch.
- Wenn eine Antwortmöglichkeit einen Fehler enthält (Schreib-, Druck-, Grammatik-, Zeichensetzungsfehler), ist sie wahrscheinlich falsch. Fragesteller lesen die richtigen Antworten häufiger Korrektur als die falschen, um absolut sicher zu sein, dass die richtigen auch richtig dargestellt sind.
- Vermeiden Sie Extreme. Rigorose Optionen, die Worte wie »immer« oder »nie« enthalten, sind meist falsch, da sie die Antworten pauschal und/oder absolut machen. Abfragbares Wissen ist selten absolut.
- Sorgfältig abwägende Optionen mit Worten wie »manchmal«, »meist«, »gelegentlich«, »in der Regel«, »für gewöhnlich«, »im Allgemeinen« sind mit großer Wahrscheinlichkeit korrekt, da abgefragtes Wissen eher Relativierungen enthält als allumfassend Zutreffendes ausdrückt und somit vorsichtiger formuliert sein muss.
- Antwortmöglichkeiten wie »Keine der obigen Antworten« oder »Alle obigen Antworten« sind mit einer Wahrscheinlichkeit von 50 Prozent richtig. Wenn Sie unter den anderen Antworten zwei richtige entdeckt haben, ist es wahrscheinlich, dass alle richtig sind. Entsprechend sind wahrscheinlich alle falsch, haben Sie zwei falsche entdeckt.
- Falls sich die Antwortmöglichkeiten ordnen lassen, wählen Sie eine Antwortmöglichkeit zwischen den Extremen, da Testentwickler dazu neigen, die richtige Antwort in der Mitte zu platzieren. Sie ist dann kleiner als die größte und größer als die kleinste Möglichkeit. Angenommen, die Möglichkeiten sind

A. 30
B. 40
C. 35
D. 25

In diesem Fall sind 25 und 40 die extremen Werte. Wahrscheinlich ist 30 oder 35 die richtige Antwort.

- Falls es keinen Punktabzug für falsche Antworten gibt, sollten Sie jede Frage beantworten und dabei zwischen Optionen raten, die Sie nicht ausschließen können. Beim Raten sollten Sie bedenken, das statistisch gesehen C am häufigsten die richtige Antwort ist, gefolgt von B. Aber natürlich hat gesichertes Wissen Priorität vor statistischen Häufigkeiten.
- Interpretieren Sie nicht zu viel in die Antworten hinein. Vertrauen Sie Ihrem ersten Eindruck. Je länger Sie über die verschiedenen Möglichkeiten nachdenken, desto plausibler kommen Ihnen falsche Antworten vor.

Bei einer Frage in einem kuriosen Multiple-Choice-Test gab es die folgenden Antwort-Alternativen:
A: Alle folgenden Möglichkeiten sind richtig.
B: Keine der folgenden Möglichkeiten ist richtig.
C: Alle obigen Möglichkeiten sind richtig.
D: Eine der obigen Möglichkeiten ist richtig.
E: Keine der obigen Möglichkeiten ist richtig.
F: Keine der obigen Möglichkeiten ist richtig.

Sie werden nun denken:
»Wie lautet denn die Frage?«

Nun, die brauchen Sie nicht, um die richtige Antwort zu finden. Mit etwas Logik kann die richtige Antwort als einzig richtige ermittelt werden, und zwar ganz egal welche Frage zu welchem Thema gestellt wurde. Es ist die Antwort E.

Wie hängen Zufall, Tiefenpsychologie und Physik zusammen?

Carl Gustav Jung war der erste Psychologe, der sich mit Zufällen und ihrer Wirkung auf die menschliche Psyche befasste. Er nannte diese sinnträchtigen Zufälle *Synchronizitäten.* Genau gesagt, bezeichnete er mit diesem Begriff das zeitliche Zusammentreffen zweier Ereignisse.

Ein Ereignis spielt sich in der Psyche des Menschen ab. Es handelt sich etwa um einen Traum oder um eine starke Emotion. Ein zweites Ereignis, das durch einen Sinnzusammenhang mit dem psychischen Vorgang verbunden ist, findet in der physischen Realität statt. Dabei tritt das innere, psychische Ereignis vor oder zumindest gleichzeitig mit dem äußeren, physischen Ereignis auf. Träte es erst danach auf, wäre es möglich, dass beide in kausaler Beziehung zueinander stehen.

C. G. Jungs Leben war reich an ziemlich dramatischen synchronistischen Vorkommnissen. Sie ereigneten sich insbesondere während der Zeit des intensiven Kontakts mit seinem Lehrmeister Sigmund Freud. Jung hat diese persönlichen Synchronizitäten in seinen Schriften ausführlich behandelt. Es war ein Themenbereich, der ihn schließlich in eine Gegenposition zu Freud brachte.

So pflegten Freud und Jung im Jahr 1909 einen regen Austausch über ihre Sicht des Mentalen und Irrationalen. Die beiden saßen in Freuds Arbeitszimmer, in dem sich auch ein großes Bücherregal befand. Man diskutierte über außersinnliche Wahrnehmungen.

Eigentlich war es ein richtiger Streit zwischen diesen berühmten Männern. Jung glaubte schon damals an die Bedeutung sinnhafter Gleichzeitigkeiten. Freud war eher Rationalist und stand dieser Sichtweise skeptisch gegenüber. Während der Diskussion sagte Freud, das sei genauso, als ob man an eine Explosion im

Bücherschrank denke und diese dann tatsächlich einträte. In diesem Augenblick geschah etwas Überraschendes. Ganz unvermittelt und ohne erkennbare Ursache kam ein Explosionsgeräusch aus Freuds Bücherregal.

»Da«, sagte Jung vehement. »Das ist ein Beispiel für ein sogenanntes katalytisches Phänomen.« – »Ach, komm«, erwiderte Freud. »Das ist schierer Blödsinn.« – »Ist es nicht«, entgegnete Jung. Später schrieb er darüber, er sei in diesem Moment von einer sehr starken Gewissheit ergriffen worden, die er sich nicht habe erklären können. »Sie irren sich, Herr Professor«, sagte der um 20 Jahre Jüngere zu seinem Lehrmeister. »Und um meinen Standpunkt zu beweisen, sage ich nun voraus, dass es einen weiteren lauten Knall geben wird.« Tatsächlich kam ein zweites Explosionsgeräusch aus Freuds Bücherregal. So berichtet es jedenfalls Jung.

Lassen wir diesen Vorfall um gut 60 Jahre hinter uns, bleiben aber im Kontext. Im Jahr 1972 liest Psychologie-Professor Robert Harvie Jungs Bericht über die obigen Ereignisse einem Bekannten vor. Just in dem Moment, als Harvie an die Stelle mit der zweiten Explosion im Bücherregal kommt, fällt ohne äußeren Anlass und mit lautem Getöse eine Lampe um.

Eine weitere Fortsetzung gibt es einige Jahre später in England. Margaret Green, eine begeisterte Leserin der Schriften Arthur Koestlers, sitzt im Zug nach London. Während der Fahrt liest sie Koestlers Buch *The Roots of Coincidence* (Die Wurzeln des Zufalls). Auch darin wird die Szene zwischen Freud und Jung im Arbeitszimmer erwähnt. Nach der Zugfahrt schreibt sie an Koestler, dass genau zu der Zeit, als sie die Stelle mit der Explosion im Bücherregal las, plötzlich die Fensterscheibe ihres Abteils zerbarst, als habe jemand von außen einen Stein dagegen geworfen. Ein Steinewerfer konnte aber nie ermittelt werden. Kurios, oder?

Als weiteres Beispiel einer Synchronizität aus seinem Leben beschreibt C. G. Jung eine tiefenpsychologische Sitzung mit einer

Patientin, die ihm von einem aufwühlenden Traum berichtet. Dort spielt ein Käfer der Gattung Skarabäus eine wichtige Rolle. Gerade als sie von diesem Käfer erzählt, nimmt Jung, der mit dem Rücken zum Fenster sitzt, ein leichtes Klopfen hinter sich wahr. Als er sich umdreht, entdeckt er außen am Fenster ein kleines Flugtier, einen Scarabaeiden, der – für seine Art ganz ungewöhnlich – versucht, in ein helles Zimmer zu fliegen. Der Psychiater öffnet das Fenster und fängt das Insekt im Flug. Er zeigt es seiner Patientin. Diese ist stark erschüttert von dem bizarren Zufall. Sie fängt sich aber wieder, und Jung berichtet später, dass dieser Vorfall langfristig eine durchaus heilsame Wirkung auf sie ausübte. Mithilfe des Psychiaters deutete die Patientin das Erlebnis als ein höheres Zeichen. Diese Deutung ließ in ihr das Bewusstsein reifen, Teil eines ihr wohlgesinnten Ganzen zu sein. Dieses Gefühl habe ihr gutgetan und einen therapeutischen Nutzen gebracht.

Nach Jung treten Synchronizitäten oft in Zeiten besonderer psychischer Belastungen auf, etwa nach Todesfällen von nahen Verwandten, nach Trennungen von geliebten Partnern oder nach anderen großen Veränderungen der persönlichen Situation.

Für die Wissenschaft ist das alles ziemlicher Humbug. Trotzdem gab es selbst unter Physikern einige Anhänger dieser Denkweise, wenn auch wenige. Das Paradebeispiel dafür ist der 1945 mit dem Nobelpreis ausgezeichnete Wolfgang Pauli. Pauli pflegte über viele Jahrzehnte einen regen Gedankenaustausch mit Jung und wurde von dessen psychologischer Interpretation sinnfälliger Zufälle beeinflusst. Allein dieser Austausch zwischen einem bedeutenden Tiefenpsychologen und einem nicht minder bedeutenden Quantenphysiker Mitte des 20. Jahrhunderts hat starke Züge von Synchronizität, handelt es sich bei ihren Forschungsgebieten doch um zwei Disziplinen, die kaum je in einem Atemzug genannt werden.

Wolfgang Pauli wurde im Jahr 1900 geboren und war offensichtlich alles andere als ein nüchterner Naturwissenschaftler. Vielmehr war er ein lebensfroher Bonvivant, der nicht nur während seiner Studienzeit, sondern auch danach das Münchner Nachtleben in vollen Zügen genoss. Ab Mitte der 1920er-Jahre, während seiner Zeit als Professor in Zürich, begannen sich jedoch die Krisen in seinem Leben zu häufen. Seine Mutter nahm sich wegen einer Affäre des Vaters 1927 das Leben. Der Vater heiratete ein Jahr später wieder, in Paulis Worten, »eine böse Stiefmutter«. 1929 traf Pauli eine Tänzerin und verliebte sich. Kurz entschlossen heirateten die beiden. Die Ehe stand aber unter keinem guten Stern und wurde ein Jahr später geschieden. Ab dem Jahr 1931 neigte Pauli zunehmend zu Alkoholexzessen. Es wurde ihm klar, dass er etwas unternehmen musste.

Er nahm Kontakt mit C. G. Jung auf, der ebenfalls in Zürich lebte. Pauli wollte von Jung eine Analyse durchführen lassen, doch Jung lehnte das ab und bot ihm stattdessen die Zusammenarbeit mit seiner Assistentin an. Pauli nahm dieses Angebot nur zögernd an. Die Assistentin und Pauli begannen mit regelmäßigen Sitzungen. Trotz beachtlicher Anstrengungen auf beiden Seiten stellte sich bei Pauli keine Besserung seines psychischen Befindens ein. Eine Wende brachte erst Paulis Begegnung mit einer Zufallsbekanntschaft bei einer Tanzveranstaltung. Wieder dauerte es nicht lange bis zur Hochzeit, doch anders als beim ersten Versuch war diese Ehe von Dauer.

Obwohl Jung die psychologische Behandlung Paulis an seine Mitarbeiterin delegiert hatte, entwickelte sich eine intensive und langjährige Freundschaft zwischen dem Physiker und dem 25 Jahre älteren Psychoanalytiker. Jung und Pauli trafen sich meist am Montagmittag zu einem Gespräch. War dies wegen anderer Termine nicht möglich, verkehrte man brieflich. Für die interessierte Nachwelt ist es ein Glücksfall, dass dieser Briefwechsel in weiten Teilen erhalten blieb.

Eine wichtige Rolle in ihrer Beziehung spielten tiefschürfende Gespräche über den Zusammenhang von Psyche und Materie. Pauli interessierte sich für Jungs Weltbild und studierte dessen

Schriften mit dem kritischen Geist eines theoretischen Physikers. Die paradoxen Phänomene in der Welt der Elementarteilchen, die er jahrzehntelang erforscht hatte, fand er fruchtbar für eine ganzheitliche Sicht der Realität, einschließlich des Psychischen und des psychisch Auffälligen.

Geprägt vom Welle-Teilchen-Dualismus, wonach den extrem kleinen Objekten der Quantenphysik sowohl die Eigenschaften von Wellen wie auch von Teilchen zukommen, schrieb Pauli 1952: »Es ist meine persönliche Meinung, dass ›Realität‹ in der zukünftigen Wissenschaft weder ›psychisch‹ noch ›physisch‹, sondern sowohl beides als auch keines von beidem bedeuten wird.«

Pauli konnte Jungs Synchronizitäten und seltsamen Gleichzeitigkeiten auch deshalb etwas abgewinnen, weil sich in seinem eigenen Leben sehr viele solcher Zufälligkeiten ereignet hatten. Kurioserweise handelte es sich dabei meist um das Versagen von technischen Geräten. Ein Ereignis schilderte Pauli besonders eindrücklich. Er saß in einem Café und hing seinen Gedanken nach. Dabei kehrte sein Blick immer wieder zu einem Auto zurück, das schräg vor dem Kaffeehaus parkte. Nach eigener Aussage fühlte er sich von diesem Objekt magisch angezogen. Plötzlich fing das Auto wie aus dem Nichts heraus Feuer und brannte lichterloh. Das ist nur eines von vielen Beispielen für das, was schließlich als *Pauli-Effekt* bekannt wurde. Der zeichnete sich dadurch aus, dass in der Gegenwart von Pauli weit häufiger als zu erwarten experimentelle Aufbauten oder Gebrauchsgegenstände plötzlich nicht mehr funktionsfähig waren oder zu Bruch gingen.

Auch Pauli selbst glaubte an den Pauli-Effekt und kultivierte ihn. Über seine negative psycho-kinetische Ausstrahlung freute er sich geradezu. Beispiele hatte er mehr als genug erlebt. So etwa den Abbruch einer Reise mit seiner Ehefrau, weil ihr Fahrzeug ohne erkennbaren Grund nicht mehr ansprang. Einmal ging im Labor des Göttinger Physikers James Franck ebenso grundlos eine kostspielige Apparatur zu Bruch. Bei einem Telefonat der beiden einige Tage danach meinte Franck im Scherz, dass dies ja wohl kein Fall von Pauli-Effekt sein könne, da Pauli ja nun im Ausland lebe. Umso erstaunter waren Franck und wohl auch Pauli, als dieser gedanklich rekonstruierte, dass er an besagtem Tag mit dem Zug auf dem Weg von Zürich nach Kopenhagen gewesen sei und genau zur betreffenden Zeit am Bahnhof in Göttingen gehalten habe.

Natürlich diskutierte Pauli auch mit Jung über den Pauli-Effekt. Beide deuteten ihn im Rahmen von Jungs Synchronizitäten. In einem Brief an Jung vom Juni 1949 schreibt Pauli, der Effekt trete nach seiner Beobachtung vor allem dann auf, wenn sich Gegensatzpaare aufheben. Der Effekt entspreche im *I Ging*, einem alten chinesischen Orakel, dem Zeichen *zhén*. Also dem Donner, der schnell auftauchen könne, aber auch schnell wieder verschwände.

Selbst die Entstehung höherentwickelten Lebens deutete Pauli in Anlehnung an das Synchronizitätsprinzip. Die meisten Religionen führen ja die Entstehung der Welt mitsamt allem, was darin lebt, auf einen Schöpfungsakt Gottes zurück. In der Naturwissenschaft werden dagegen Evolutionstheorien favorisiert, wenn es um die Entwicklung der verschiedenen Arten geht, die sie durch Mutation und Selektion erklären.

Mutationen unterliegen dem Zufallsprinzip. Ob sich eine Mutation durchsetzt, entscheidet sich im Wechselspiel mit der Umgebung. Sie muss die Wahrscheinlichkeit erhöhen, das Überleben der Art zu sichern. Im Gegensatz dazu beschritt Pauli einen anderen Weg, der sich am besten mit seinen eigenen Worten beschreiben lässt: »Man hat sonach den Eindruck, dass die äußeren physikalischen Umstände einerseits und ihnen angepasste erbliche Veränderungen der Gene (Mutationen) andererseits zwar nicht kausal-reproduzierbar zusammenhängen, aber doch einmal – die ›blinden‹ zufälligen Schwankungen der auftretenden Mutationen korrigierend – sinnhaft und zweckhaft als un-

teilbare Ganzheit zusammen mit den äußeren Umständen aufgetreten sind.«
Damit sah Pauli die Evolution wohl folgendermaßen: Bei entsprechenden Umgebungsfaktoren können mehrere Ereignisse und Mutationen in einer Weise zusammenwirken, dass jenseits des blinden Zufalls etliche evolutionäre Entwicklungsschritte hintereinander in einer günstigen Richtung ablaufen. Darin seien die auftretenden Ereignisse zwar nicht kausal verbunden, aber doch sinnhaft nach Art von Synchronizitäten aufeinander bezogen. Paulis Sichtweise der Evolution ist demnach eine Theorie vom *gerichteten* Zufall. Es handelt sich nicht um *gelenkten* Zufall, sondern um je nach Umgebung ausgerichtete Mutationen in eine von der Umgebung begünstigte Richtung.
Der renommierte Biologe Max Delbrück nannte diese Evolutionsdeutung später einen »Anschlag theoretischer Physiker auf die Biologie«. Andere Naturwissenschaftler sprachen bei Jungs und Paulis Ansatz von »Quantenschamanismus«. Das kann man so nennen, ist auch meine Meinung.

Was lernen wir daraus? Häufungen von Zufällen können selbst gestandene Naturwissenschaftler dazu verführen, Zusammenhänge zu vermuten, wo es höchstwahrscheinlich keine gibt.

Wie gewinnt man eine Sportwette?

Oft ist es wertvoll, jemanden zu kennen, der dem widerspricht, was wir uns ausgedacht haben. Jemand, der einen gegensätzlichen Blick auf den Zusammenhang hat, in dem wir uns beide bewegen. Er oder sie und ich bilden einen Schwarm, und wenn wir es richtig anstellen, können wir Schwarmintelligenz entwickeln. Und die sollte nicht unterschätzt werden, wie wir schon wissen.

Daneben gibt es Situationen, in denen kann man sich selbst widersprechen und sich dadurch Vorteile gegenüber der Konkurrenz verschaffen. Das ist außerordentlich wichtig. Denn Konkurrenzsituationen zwischen Menschen treten überall auf. Meist ist es günstig, Koalitionen zu schmieden. Gerade auch die Koalition mit Opposition im eigenen Inneren kann gewinnbringend sein. Verdeutlichen wir das in einem spielerischen Kontext. Es handelt sich um ein Gesellschaftsspiel, das unter Freunden oder Kollegen beliebt ist, eine Sportwette auf die Ergebnisse etwa einer Fußball-WM oder eines Grand-Slam-Turniers im Tennis.

Um das Prinzip klarzumachen, gehen wir der Einfachheit halber von drei Spielern aus. Sie tippen auf die Spiele der K.-o.-Runde bei einem Fußballturnier, und zwar nur darauf, welche Mannschaft eine Begegnung gewinnt. Nennen wir die drei Anne, Tim und Tom. Jeder von ihnen setzt einen Euro. Wer am Ende die meisten Gewinner richtig getippt hat, kann den gesamten Topf von drei Euro einstreichen. Bei Punktgleichheit wird das Geld unter den Punktgleichen geteilt.

Nehmen wir nun weiter an, dass Tim und Tom Zwillinge sind. Allerdings verfeindete Zwillinge. Für jeden ist der andere der böse Zwilling, der immer die Gegenposition vertritt. An sich hört sich das nach viel Streit an. Doch eine Gegenposition kann produktiv sein. Besonders dann, wenn man sich mit seinem Gegenpart verbündet. Die Zwillinge also gehen beim Tippspiel eine solche Koalition ein. Tim tippt bei jeder Paarung aufgrund seines Wissens und seines Bauchgefühls auf eine Mannschaft. Und Tom wettet auf deren Gegner. Die beiden haben vorab vereinbart, den Gewinn zu teilen. Diese Strategie ist clever. Sie sichert den Zwillingen einen Vorteil auf Kosten von Anne, die bei diesem Tippspiel den Kürzeren ziehen wird.

Warum? Ganz einfach. Angenommen, es wird nur auf den Ausgang eines Spiels gewettet. Ferner sei angenommen, dass alle drei eine Chance von 50 Prozent haben, den Sieger richtig vorherzusagen, dass also Chancengleichheit herrscht.

Wenn nun Anne falsch getippt hat, was mit der Wahrscheinlichkeit 0,5 passiert, dann geht sie leer aus. Ihr Einsatz ist verloren. Hat Anne dagegen richtig getippt, muss sie die 3 Euro im Topf entweder mit Tim oder mit Tom teilen. Sie erhält dann 1,5 Euro. Bei Abzug des Einsatzes liegt sie mit 0,5 Euro im Plus. Anne verliert demzufolge mit gleicher Wahrscheinlichkeit entweder 1 Euro oder sie gewinnt 0,5 Euro. Das mittelt sich zu einem statistischen Verlust von 0,25 Euro. Im Gegenzug ist das gleichzeitig der Gewinn des Tim-Tom-Teams. Also 0,125 Euro Reingewinn für jeden, eine Rendite von 12,5 Prozent auf den getätigten Einsatz. Nicht schlecht, oder?

Die Koalition mit dem bösen Zwilling lässt sich immer eingehen. Hat man keinen bösen Zwilling, kann man mit sich selbst koalieren. Man geht mit 2 Euro ins Rennen und wettet stets auf beide Mannschaften als Sieger. Es scheint verrückt, dass das wirklich einen Gewinn abwirft. Denn würde man auf jedes einzelne Pferd bei einem Pferderennen denselben Einsatz setzen, würde man dadurch keinen Gewinn machen. Bei unserem Tipp-Spiel ist es aber so.

Versuchen wir, das etwas besser zu verstehen. Eine kleine Rechnung zeigt, dass Anne bei ihrem Tipp eine Erfolgswahrscheinlichkeit von 2/3 haben müsste, um den Vorteil der gegen sie gebildeten Koalition wettzumachen. Umgekehrt würde Tim dieselbe Rendite ohne Bösen-Zwillings-Tipp erzielen, wenn er eine Erfolgschance von 11/12 hätte. Erst mit dieser hohen Erfolgswahrscheinlichkeit könnte er ganz normal mit seinem 2-Euro-Einsatz gegen Anne antreten und 12,5 Prozent Rendite einheimsen.

Haben es Tim und Tom mit zwei Gegnern zu tun, die ihrerseits nicht die Zwillings-Methode anwenden, steigt für jeden der beiden der Profit auf 16,7 Prozent, bei drei Gegnern auf 17,2 Prozent. Bei vier Gegnern beträgt er 16,3 Prozent und bei fünf 14,9 Prozent.

Nimmt die Zahl der Spieler im Pool weiter zu, reduziert sich die

Rendite des Systems für jeden der Zwillinge weiter. Bei insgesamt S Spielern beträgt sie ab sieben Spieler, die auf ein einziges Spiel wetten, etwa 100/S Prozent. So lautet die Faustregel. Interessanterweise gilt diese Regel auch, wenn die Spieler auf eine größere Zahl von Spielen wetten. Bei 10 Spielern, die auf 10 Spiele wetten, liegt die Rendite für jeden der Zwillinge bei etwa 10 Prozent.

Der Erfolg der Tipp-Gemeinschaft mit dem bösen Zwilling bei vielen Spielern, die auf viele Spiele setzen, kommt durch die bekannten Cluster zustande. Wenn die Spieler ihre Tipps abgeben, stellt sich aufgrund der Zufallsnatur der Tipps derselbe Effekt ein wie bei den Bombenabwürfen über London im Zweiten Weltkrieg. Dieser Effekt wird verstärkt, wenn einige der Mitspieler nicht unabhängig voneinander tippen, sondern ähnliches Grundwissen für ihre Tipps anwenden. Wenn sie etwa bevorzugt auf Favoriten und Heimteams setzen oder auf Mannschaften, die einen Lauf haben bzw. von der Presse als mögliche Gewinner gehypt werden. Dieser psychologische Faktor des Gruppendenkens verstärkt die Häufung der Tipps. Je mehr Cluster sich durch Gruppendenken bilden, desto besser funktioniert das System für die Zwillings-Koalitionäre.

Wie kommt man zu einem hohen Gehalt?

Kompletter Szenenwechsel. Der Personalchef eines Unternehmens hat Ihnen kürzlich ein Jobangebot gemacht. Morgen haben Sie ein Vorstellungsgespräch, bei dem es um Ihr Gehalt gehen soll. Sie haben inzwischen erfahren, dass ein Mitarbeiter in Ihrer zukünftigen Abteilung 50 000 Euro Gehalt bekommt und ein anderer für die gleiche Arbeit 70 000 Euro. Welche Gehaltsvorstellung sollten Sie angeben? Denken Sie an den Mittelwert, an 60 000 Euro? Das sollten Sie nicht tun. Ich würde Ihnen raten, mit 80 000 Euro ins Rennen zu gehen. Achten Sie darauf, diese Zahl zu nennen, bevor Ihnen der Chef ein Angebot machen kann. Damit nutzen Sie nämlich den *Ankereffekt*

Der Ankereffekt ist ein psychologischer Wirkmechanismus, der zu einer Verzerrung unseres Urteilsvermögens führt. Die Verzerrung besteht darin, dass sich unsere Beurteilungen und Schätzungen bewusst oder unbewusst an gerade wahrgenommenen Zahlenwerten orientieren. Auch an solchen, die nichts mit dem Kontext zu tun haben. Dieser Urteilsfehler ist einer der am besten überprüften psychologischen Effekte.

Um beispielsweise den Geldwert einer Sache zu bemessen oder abzuschätzen, sucht unser Gehirn nach Vergleichswerten. Wenn es keine Vergleichsmöglichkeiten findet, dann ist ihm jeder Bezugspunkt recht, jede x-beliebige Zahl, die im Bewusstsein auftaucht. Unser Gehirn will sich unbedingt irgendwie und an irgendetwas orientieren. Dadurch können völlig irrelevante, nutzlose Informationen einen unterschwelligen Einfluss auf unsere Entscheidungen haben.

In der Verhaltensökonomie gilt folgende Studie mittlerweile als Kult. Der Leiter der Studie hatte zwei Weinflaschen vor sich stehen, die er den Studienteilnehmern zum Kauf anbietet. Zuvor ließ er sie die letzten zwei Ziffern ihrer Kreditkartennummer auf einem Zettel notieren, also eine zweistellige Zahl. Anschließend fragte der Studienleiter jeden Teilnehmer, ob er bereit wäre, den Wein zum Preis seiner zweistelligen Zahl zu kaufen. Die Teilnehmer, die kleine Zahlen notiert hatten, kauften den Wein im Schnitt für 7,74 Euro. Die Teilnehmer mit einer großen Zahl waren bereit, im Schnitt 25,11 Euro auszugeben. Unglaublich, oder? Eigentlich haben die Endziffern der Kreditkarte überhaupt nichts mit den Weinflaschen und deren Preis zu tun. Würde man jedenfalls denken. Die menschliche Psyche stellt aber einen Zusammenhang her. Die Endziffern der Kreditkarte sind im Kopf präsent und machen sich dort so breit, dass sie die Einschätzung des Weinpreises beeinflussen.

Bei einem anderen berühmten Experiment sollten die Versuchspersonen zuerst ein Glücksrad mit Zahlen von 1 bis 100 drehen, das bei einer beliebigen Ziffer zum Stillstand kam. Anschließend sollten sie den Anteil afrikanischer Staaten in der UNO schätzen. Was die Teilnehmer nicht wussten: Das Glücksrad war so präpariert, dass es entweder auf der Zahl 10 oder auf der Zahl 60 stehen blieb. Die anschließenden Schätzungen zeigten zwei unterschiedliche Tendenzen. Alle Teilnehmer, die beim Glücksrad die Zahl 10 getroffen hatten, gaben Schätzwerte von durchschnittlich 25 Prozent ab. Die mit der Zahl 60 schätzten den Anteil im Mittel auf 45 Prozent. Die Probanden hatten offensichtlich die Glücksradzahl als Orientierungsmarke genommen. Von dieser Zahl ausgehend, korrigierten sie sich in die von ihnen vermutete Richtung.

Eine weitere Studie zum Ankereffekt hat gezeigt, dass in demselben Restaurant, das zuerst den Namen *Studio 97* trug und später den Namen *Studio 17*, die Gäste im ersten Fall durchschnittlich 15 Prozent mehr für Essen, Trinken und Trinkgeld ausgaben. Bei gleichem Angebot und gleichen Preisen!

Doch zurück zum Gehaltsgespräch vom Anfang. Wenn Sie 80 000 Euro als Gehaltsvorstellung nennen, wird der Chef durch diese Zahl verankert. Er weiß natürlich, dass er für ein und dieselbe Tätigkeit unterschiedliche Gehälter zahlt. Die 80 000 Euro werden ihn nicht überraschen. Außerdem wirkt sich der sogenannte Marketing-Placeboeffekt zu Ihren Gunsten aus: Was teurer ist, wird automatisch für besser gehalten. Sie haben also durchaus Chancen, dieses Gehalt tatsächlich zu erzielen.

Eine Multiplikationsregel aus dem Kunsthandel besagt: Verkauft sich ein Kunstwerk nicht, verfünffachen Sie den Preis!

Machen Sie sich bei Einschätzungen und bei Verhandlungen den Ankereffekt bewusst. Er ist ein wirksames Tool aus der Trickkiste erfahrener Verhandler.

Wie kann man sich selbst überreden, etwas Unliebsames zu mögen?

Bleiben wir kurz beim Gespräch mit Ihrem zukünftigen Chef. Da habe ich einen weiteren Tipp für Sie. Schwärmen Sie ihm, wenn sich die Gelegenheit bietet, wie zufällig von einer anderen Person vor. Und zwar in den höchsten Tönen. Denn das geschönte Bild des anderen Menschen strahlt auf Sie aus. Der Chef wird die verwendeten Begriffe innerlich mit Ihnen verbinden

und Ihnen automatisch positiver gesinnt sein. Das ist der Effekt des *Priming*.
Generell lassen sich viele Dinge in unserer Lebens- und Gefühlswelt durch diesen kleinen psychologischen Kniff verbessern. Etwa der Umgang mit Mathematik. Stellt sich bei Ihnen ein unkontrollierbarer Fluchtreflex ein, wenn eine Formel in Ihr Gesichtsfeld gerät? Ich kann Ihnen ein wahres Wundermittel anbieten, sollte das so sein. Probieren Sie es doch einmal mit der folgenden dreiminütigen Übung, die sich an die Technik des Neurolinguistischen Programmierens anlehnt. Sie brauchen dazu nur eine Buchseite mit vielen unerfreulichen und Furcht einflößenden Formeln.

- Schließen Sie die Augen und vergegenwärtigen Sie sich ein Erlebnis, das absolut wunderbar war. Eine Situation, an die Sie sich rundum positiv, im Flow, im siebten Himmel oder mit wohliger Gänsehaut erinnern.
- Öffnen Sie die Augen für eine oder zwei Sekunden und schauen Sie direkt und intensiv auf die Buchseite mit den garstigen Formeln.
- Schließen Sie die Augen wieder und kehren Sie in Gedanken zu Ihrem großartigen Erlebnis zurück.
- Wiederholen Sie im Wechsel den Blick auf die Formeln und den Gedanken an Ihr Glückserlebnis weitere drei Mal.
- Machen Sie den Schnelltest und betrachten Sie die Formeln erneut. Welches Gefühl stellt sich nun ein?

Sie können die mathematischen Formeln jederzeit durch etwas anderes ersetzen. Alles Unliebsame kommt dafür infrage, je nach persönlicher Abneigung. Egal ob Steuererklärung, Strafzettel oder einfach nur ein Teller mit Rosenkohl.

Wann macht Telefonieren betrunken?

Warum sollten Sie während einer Autofahrt nicht mit dem Handy rummachen? Erstens natürlich, weil es verboten ist. In Deutschland seit 2001. Zweitens und viel gravierender: Handy am Steuer ist ziemlich gefährlich. Eine US-amerikanische Studie hat die Höhe des Risikos beziffert. Die Gefahr durch Handys am Steuer kann mit der Gefahr durch Alkohol am Steuer verglichen werden. Beim Autofahren mit einem Handy zu telefonieren ist so gefährlich wie das Steuern des Fahrzeugs mit 0,8 Promille Alkohol im Blut. Das Schreiben einer SMS oder einer Whatsapp-Nachricht entspricht sogar einem Alkoholpegel von 1,1 Promille. Das ist gleichbedeutend mit fast völliger Fahruntüchtigkeit. Ein so hoher Promillewert am Steuer gilt vor Gericht als Straftat. Eine andere Studie bestätigt diese Befunde und ergänzt ein Detail zum zugrunde liegenden Unfallrisiko. Schreibt man während der Fahrt Nachrichten, erhöht es sich relativ zum normalen Fahren um das Zwanzigfache.

> Als im Emirat Abu Dhabi im Jahr 2015 das Mobilfunknetz für zwei Wochen zusammenbrach und jegliche Handynutzung unmöglich machte, reduzierte sich die Anzahl der Autounfälle um 50 Prozent.

Handys als Gefahrenquelle im Auto werden vielfach unterschätzt. Bei uns in Deutschland erfasst man leider handybedingte Unfälle noch nicht als eigene Kategorie in der Unfallstatistik, anders in unserem Nachbarland Österreich. Den österreichischen Daten ist zu entnehmen, dass dort 25 Prozent aller Unfälle mit Personenschaden auf die Handynutzung zurückzuführen sind. Mehr noch, bereits im Jahr 2014 hat die Anzahl der Autounfälle, bei denen Handynutzung im Spiel war, jene unter Alkoholeinwirkung übertroffen.

Eine Ursache ist darin zu sehen, dass von Handys eine große Anziehungskraft ausgeht. Kürzlich ergab eine Studie unter Deutschen in der Altersklasse um 20 Jahre, dass sie im Schnitt alle acht Minuten aufs Handy blicken. Viele können dieses Muster auch im Auto nicht durchbrechen. »Don't drink and drive!« hat sich als sinnvolle Warnung weltweit verbreitet. Vielleicht sollte man sie neu fassen: »Don't phone or text and drive!« Hände weg vom Handy im Auto!

Sind Bauernregeln zuverlässig?

Da in diesem Buch viel von Faustregeln die Rede ist, war es nur eine Frage der Zeit, bis wir irgendwann den ältesten Faustregeln überhaupt begegnen. Das sind die Bauernregeln. Sie beziehen sich fast ausschließlich aufs Wetter. Die frühesten bekannten Wettersprüche wurden bereits vor fünf Jahrtausenden von Ägyptern und Babyloniern verfasst.

Einen ersten wissenschaftlichen Versuch, Naturerscheinungen zu verstehen, die sich »in der Schwebe« abspielen, also in der Atmosphäre, unternahm 350 v. Chr. der griechische Universalgelehrte Aristoteles. Seine Schrift *Meteorologica* ist ein Vorläufer der modernen Wetterkunde. Zum Regenbogen etwa gibt es bei ihm sowohl eine farbentheoretische Erklärung als auch eine geometrische Begründung für dessen Form.

Das Wetter präsentiert sich uns als Naturgewalt, die sich der direkten Einflussnahme entzieht. Was nicht heißt, dass wir keine Spuren im Wettergeschehen hinterlassen – siehe Klimawandel. Die Beschäftigung des Menschen mit dem Wetter ist wahrscheinlich so alt wie die Menschheit. Die Jäger und Sammler der Frühzeit waren bei ihrem Tun stark vom Wetter abhängig. Das galt erst recht für unsere Vorfahren, die begannen, Ackerbau

und Viehzucht zu betreiben. Schon aus dieser Zeit stammt der Wunsch, das Wetter vorhersagen zu können. Der Wunsch und die Notwendigkeit bestehen bis heute.
Die moderne Wettervorhersage ist eine der großen Erfolgsgeschichten der Naturwissenschaft. Über die Jahrtausende ist mit vielen Methoden beobachtet und ausgewertet worden. Heutzutage werden dazu Satelliten, mathematische Modelle und Höchstleistungsrechner benutzt. Ganz am Anfang stand aber der Schatz aus Wetterweisheiten, den die Bauern über viele Jahrhunderte hinweg sammelten. Dabei handelt es sich um vermutete Zusammenhänge zwischen verschiedenen Wetterphänomenen. Sie resultieren aus den Naturbeobachtungen unzähliger Menschen mit einem feinen Gespür für Flora und Fauna, für Wolken, Wind und Wetterlagen.
Im Deutschen sind diese Bauernregeln meist in Reimform gefasst: »Morgenrot – Schlechtwetter droht.« Manche Regeln werden auch belächelt, weil sie uns so kurios vorkommen. Etwa der Wetterfrosch auf der Leiter im Einmachglas mit dem Motto: »Sitzt der Frosch hoch auf der Leiter, geht's mit schönem Wetter weiter.«
Wie ist das nun tatsächlich? Taugen Bauernregeln überhaupt zur meteorologischen Orientierung? Sind sie verlässlich? Oder sind die Treffer zufällig zustande gekommen? Die Antwort lautet: Sowohl als auch. Nehmen wir ein paar der Regeln konkret unter die Lupe.
Zum Beispiel den Siebenschläferspruch: »Das Wetter am Siebenschläfertag noch sieben Wochen bleiben mag.« Die Witterung um den 27. Juni herum, das ist der Siebenschläfertag, hat tatsächlich in den nächsten Sommerwochen eine überdurchschnittliche Erhaltungsneigung.
Statistisch gesehen ist das Wetter in den sieben Wochen nach dem Siebenschläfertag in zwei von drei Fällen tatsächlich so ähnlich wie im Zeitraum von Ende Juni bis Anfang Juli. Meteorologisch hängt dieser Zusammenhang von einem Starkwindband

ab, das als Jetstream bezeichnet wird. Der Jetstream befindet sich in dieser Zeit in hohen Luftschichten und ist dort relativ beständig. Je beständiger er ist, desto beständiger ist auch das Wetter in unseren Breitengraden, da er es maßgeblich mitgestaltet. Damit ist er auch verantwortlich für die relative Zuverlässigkeit der Siebenschläferregel.

Doch es geht noch besser. Es gibt Bauernregeln mit einer statistischen Erfolgsquote von etwa drei Vierteln: »Wie's der Matthis treibt, es vier Wochen bleibt.« Damit ist der Matthiastag gemeint, der 21. September. Ist dieser Tag überdurchschnittlich warm oder trocken, dann gilt das mit 75-prozentiger Wahrscheinlichkeit für die folgenden vier Wochen. Fällt Matthias dagegen ins Wasser, so sind wahrscheinlich auch die vier Folgewochen überdurchschnittlich feucht. Ist es an diesem Tag zu kalt, dann sind in zwei von drei Jahren auch die nächsten vier Wochen unterdurchschnittlich temperiert. Legt man keine zu strengen Maßstäbe an, haben einige Bauernregeln in Sachen Wetter also durchaus eine gewisse Zuverlässigkeit.

Der Hundertjährige Kalender versagt bei der Wettervorhersage übrigens völlig. Das Versagen ist nicht weiter überraschend, wenn man seine Entstehungsgeschichte kennt. Sie begann im 17. Jahrhundert.

Der Abt des Klosters Langheim bei Bamberg zeichnete vom 21. März 1652 bis zum 20. März 1659, also genau sieben Jahre lang, sehr detailliert das Wetter in der Umgebung des Klosters auf. Zusätzlich erfasste er astronomische Beobachtungen wie die Stellung der sieben Himmelskörper Sonne, Merkur, Venus, Erde, Mars, Jupiter, Saturn. Aufgrund seiner astrologischen Überzeugungen ging der Abt nämlich davon aus, das örtliche Wetter werde von diesen Himmelskörpern beeinflusst und wiederhole sich genau alle sieben Jahre. Das ist seit Langem durch Daten widerlegt.

Damals entstand auf dieser irrigen Grundlage jedoch ein »Bestandiger Hauskalender, aus welchem jahrlich die Witterung zu

erkennen, und nach dergestalt der Wein und Feldbau mit Frucht und Nutzen anzuordnen, die Mißjahr zu erkennen, und der bevorstehenden Not weißlich vorzukommen«.
Knapp 50 Jahre später wurde das Werk als *Calendarium oeconomicum practicum perpetuum* veröffentlicht (Wirtschaftlicher, praktischer und ewiger Kalender) und enthielt Wettervorhersagen für die Jahre von 1701 bis 1800. Schnell bürgerte sich dafür die kürzere Bezeichnung *Hundertjähriger Kalender* ein. Auch heute wird er noch publiziert und hat seine Anhänger. Eine wissenschaftliche Basis gibt es dafür aber nicht.

Wie treffen Sie am besten eine wichtige Entscheidung?

Stopp! Jetzt kommt ein außerordentlich nützlicher Verhaltenstipp, der Ihnen viel bringen kann. Treffen Sie keine wichtigen Entscheidungen, wenn Sie müde, hungrig, ärgerlich oder genervt sind. Treffen Sie nach Möglichkeit wichtige Entscheidungen zu den Zeiten Ihres Tagesoptimums an Wachheit, Entschlussbereitschaft und Denkfähigkeit. Diese Zeiten kennt jeder bei sich. Jeder weiß ebenso, wann er sein Tief hat, also müde, unentschlossen und abgeschlafft ist.
Dieser Ratschlag kommt daher nicht weiter überraschend. Überraschend ist dagegen ein praktischer Vorschlag, der das oben Gesagte ergänzt: Trinken Sie eine halbe Stunde vor einer wichtigen Entscheidung eine Flasche Wasser.
Was hat das Wasser mit der Qualität der Entscheidung zu tun? Statt Wasser kann es natürlich auch ein anderes Getränk sein, ein Softdrink etwa oder Kaffee, jedoch kein Alkohol. Auf das Trinken kommt es an. Damit machen Sie sich nämlich den kürzlich ermittelten Zusammenhang zunutze, dass wir bei spür-

barem Harndrang konzentrierter sind als ohne. Harndrang bedeutet nämlich zuallererst, dass man gedanklich mit den Möglichkeiten zur Erleichterung beschäftigt ist.

Ein belgisch-niederländisches Team von Verhaltensforschern hat als Ergebnis eines Versuchs einen unerwarteten Nebeneffekt beschrieben. Wer Harndrang verspürt, ist weniger impulsiv, kann sich besser konzentrieren und klügere Entscheidungen treffen. Das wurde festgestellt, als die Wissenschaftler eine Gruppe mit mittlerem Harndrang und eine Kontrollgruppe ohne Harndrang einem Test unterzogen, bei dem die Teilnehmer Entscheidungen treffen und Verlockungen widerstehen mussten. Im Ergebnis schnitten die Versuchspersonen mit Harndrang spürbar besser ab, wie der in der renommierten Zeitschrift *Psychological Science* veröffentlichte Beitrag feststellt.

Die Erklärung der Wissenschaftler ist plausibel. Es erfordert zusätzliche Aufmerksamkeit, den Harndrang zu kontrollieren. Das gesteigerte Konzentrationsniveau wirkt sich in der Folge generell positiv auf alles aus, wofür wir uns konzentrieren müssen, aufs Urteilen, Einschätzen, Abwägen und Entscheiden. Menschen mit voller Blase urteilen besser, handeln klüger und treffen qualifiziertere Entscheidungen. Sogar auf unseren Einfallsreichtum hat die volle Blase einen positiven Einfluss. Wir sind kreativer. Also, wenn das keine Erkenntnis mit Nutzwert ist!

Der bisherige Wissensstand musste angesichts dieser Studienergebnisse revidiert werden. Bis dahin war nämlich die gängige Ansicht zu dieser Problemstellung das Modell der sogenannten *ego depletion*. Den Begriff kann man mit *Ich-Erschöpfung* übersetzen.

Nach diesem Modell ist unsere Willensstärke eine begrenzte Ressource. Sie kann nicht an verschiedenen Fronten gleichzeitig mit demselben Erfolg eingesetzt werden. Ist in einem Bereich Willensstärke erforderlich, dann bleibt weniger davon für andere Aufgaben übrig. Willensstärke ist also ein Gut, das durch Gebrauch teilweise aufgezehrt wird. Was an einer Stelle im Einsatz ist, kann nicht anderweitig zum Einsatz kommen. Es ist also schwieriger, nicht über ein verlockendes Stück Schokolade herzufallen, wenn wir gleichzeitig ein unerfülltes Verlangen nach Erotik kontrollieren müssen.

Dieses an sich plausible Modell ist für die Kontrolle des Harndrangs aber nicht gültig, denn eine volle Blase ließe im Sinne dieses Modells eigentlich erwarten, dass sie ungeduldiger macht und uns zu wenig überlegten Spontanentscheidungen verleitet. Doch die eben erwähnte Studie konnte nachweisen, dass bei Blasenkontrolle die *ego depletion* außer Kraft gesetzt ist, weil die Blasenkontrolle automatisch abläuft und über einen anderen Bereich des Nervensystems gesteuert wird. Das wiederum liegt nach Meinung der Wissenschaftler daran, dass die Blase von zwei Schließmuskeln kontrolliert wird, einem inneren und einem äußeren. Der innere wird vom vegetativen Nervensystem gesteuert. Es bedeutet, dass er nicht unserem Willen unterliegt. Der äußere Schließmuskel kann dagegen bewusst und willentlich kontrolliert werden.

Wenn wir den äußeren Muskel bewusst kontrollieren müssen, führt das zu einer generellen Stimulierung des Gehirns. Wir können deshalb schneller denken, uns besser konzentrieren und leichter Verlockungen widerstehen bzw. einen Belohnungsaufschub hinnehmen. Es ist also ein Spill-over-Effekt, den der Harndrang verursacht. Die Selbstkontrolle löst eine größere Kontrolle in anderen Bereichen aus und führt zu einer höheren Gesamtleistung des Gehirns.

Ich wiederhole also: Wenn Sie eine wichtige Entscheidung treffen müssen, trinken Sie 30 Minuten vorher eine Flasche Wasser. So lange dauert es, bis die Flüssigkeit durch Ihren Körper gewandert und in der Harnblase angekommen ist. Sobald das der Fall ist, bedenken Sie die anstehende Entscheidung. Die wird schlauer und klüger ausfallen als ohne diese Flasche Wasser. Auch, aber nicht nur, weil Sie sich einen halbstündigen Entscheidungsvorlauf eingeräumt haben.

Falls gerade nichts Trinkbares zur Hand ist: In einem weiteren Experiment wurde auch die positive kognitive Wirkung allein schon des Gedankens an eine gefüllte Harnblase nachgewiesen, wenn auch in geringerem Ausmaß. Das ist die autosuggestive Version der realen Blasenfüllung.

Wie entscheiden, wenn man sich nicht entscheiden kann?

Der US-amerikanische Ökonom Steven Levitt hatte 2016 eine bemerkenswerte Studie initiiert. Er begab sich auf die Suche nach Versuchspersonen, die bereit waren, eine wichtige Entscheidung in ihrem Leben per Münzwurf zu treffen. Dabei ging es um wirklich große Fragen wie etwa, ob man sich scheiden lassen oder in der Partnerschaft bleiben, ob man seine Stelle kündigen oder behalten sollte.

Das sind schwerwiegende Schritte, über die die meisten Menschen in der Regel lange nachdenken. Levitt ging es bei seiner Studie um genau solche Menschen. Besonders interessierte er sich für diejenigen, die trotz sorgfältigen Abwägens nicht in der Lage waren, die Entscheidung zu treffen. Menschen, bei denen sich Für und Wider die Waage hielten, was zu einem Entscheidungspatt führte. Psychologen nennen diesen Zustand *Analysis paralysis,* Lähmung durch nicht endende Analyse. Als Lösung schlug Steven Levitt den Studienteilnehmern vor, einfach eine Münze zu werfen.

In Zeiten des Internets war es für ihn kein Problem gewesen, schnell eine große Zahl von Willigen zu finden, die sich in diesem skizzierten Lähmungszustand befanden und auf Levitts radikalen Vorschlag eingehen wollten. Um den Ernst der Lage deutlich zu machen, bat Levitt sie, einen Vertrag zu unterschreiben und einen Zeugen zu benennen. Dessen Aufgabe war es zu bestätigen, dass die vom Münzwurf geforderten Konsequenzen umgesetzt wurden.

Rund 2000 Menschen, Männer und Frauen, unterschrieben den Vertrag, benannten einen Zeugen und warfen die Münze. Kurz vor dem Münzwurf fragte Levitt jede Person nach ihrem persönlichen Glücksempfinden: »Wie glücklich sind Sie auf einer Skala von 1 (sehr unglücklich) bis 10 (sehr glücklich)?«

Fünf Monate nach dem Münzwurf suchte er seine Testpersonen und deren Zeugen abermals auf, um dieselbe Frage ein zweites Mal zu stellen. Es zeigte sich, dass die Testpersonen, die aufgrund der Münze ihre Lebenssituation geändert hatten, im Schnitt um zwei Punkte glücklicher waren als jene, denen der Münzwurf keine Veränderung beschert hatte. Levitts Schlussfolgerung: Weiß man absolut nicht, ob man im Ist-Zustand verbleiben oder einen Wechsel vornehmen soll, dann entscheide man sich für den Wechsel!

Das ist psychologisch plausibel. Zur Entscheidungslähmung trägt meist die menschliche Trägheit bei. Viele Menschen haben eine Abneigung gegen Veränderungen. Sie verharren lieber in einer bekannten, wenn auch lästigen oder gar prekären Situation, als durch aktive Änderung in eine unbekannte Zukunft zu steuern.

Dieser Widerstand gegen den Wandel der Lebensumstände, also die Tendenz, im Status quo zu verharren, ist der sogenannte *Status-quo-Bias*. Um ein dauerhaftes Patt aufzulösen, ist eine Münze also nicht das schlechteste Hilfsmittel.

Haben Sie etwas von allen Seiten betrachtet, gedreht und gewendet, im Kopf durchgespielt und alles gemacht, was man tun kann, ohne zu einer Entscheidung zu kommen? Dann werfen Sie eine Münze, damit die Entscheidungslähmung nicht zum Dauerzustand wird. Noch während die Münze in der Luft ist, werden Sie plötzlich aus dem Bauch heraus wissen, auf welche Seite sie nicht fallen sollte. Diesem Gefühl folgen Sie anschließend.

Selbst bei der Entscheidungslähmung ist es nämlich meist so, dass unser Unterbewusstsein insgeheim bereits eine Entscheidung getroffen hat. Die Zuspitzung der Situation durch den Münzentscheid bringt die eigene unbewusste Entscheidung ins Bewusstsein.

Und wenn sich dieser Effekt nicht einstellt? Wenn man immer noch genauso unentschlossen ist? Ich persönlich entscheide mich dann für den Wandel.

Wie kann man fake facts zum Vorteil nutzen?

Die Franzosen haben eine Redewendung: »Predige die Unwahrheit, um die Wahrheit zu finden.«

Auf den ersten Blick ist das eine kuriose Empfehlung. Wie ist es möglich, durch die Verbreitung von Unwahrheiten auf die Wahrheit zu stoßen? Eigentlich sollte doch die Wahrheitsfindung durch jede Unwahrheit erschwert werden. Ja, mehr noch, die Redensart scheint als Rechtfertigung von *fake facts* bestens geeignet. Sie fördert deren Verbreitung, weil sie ihnen einen Nutzen zuspricht. Aber den gibt es tatsächlich. Das wissen jene Menschen, für die Wahrheitssuche das berufliche Alltagsgeschäft und Wahrheitsfindung essenziell ist. Bei der amerikanischen Bundespolizei, dem FBI, ist genau diese »absichtliche Konfrontation mit falschen Fakten« eine in Lehrbüchern vermittelte und in der Praxis gebräuchliche Verhörmethode. Oft funktioniert sie besser als die faktengestützte Befragung von Zeugen.

Auch im Internet ist ein Vorstoß mit *fake facts* oft erfolgreich. »Der beste Weg, um im Netz die Antwort auf eine Frage zu bekommen, besteht nicht darin, die Frage zu stellen, sondern vielmehr eine *falsche* Antwort zu posten.« Das ist *Cunninghams Gesetz.*

Gesetze gibt es in vielen Varianten. Physikalische Naturgesetze wie das Ohmsche Gesetz oder Rechtsordnungen wie das Bürgerliche Gesetzbuch, die unser Miteinander regeln. Lebensweisheiten und Erfahrungswerte über technische Systeme oder menschliches Verhalten. Zu Letzteren gehört obiger Ausspruch des US-amerikanischen Programmierers Ward Cunningham (geboren 1946). Er hilft, aus Menschen eine Wahrheit herauszulocken, die sie, aus welchen Gründen auch immer, nur ungern teilen.

Wie wäre es mit einem Selbstversuch? Wenn Sie nicht wissen,

wie Sie ein Problem lösen sollen, meinetwegen auch ein mathematisches, dann posten Sie dieses Problem in einem geeigneten Forum im Internet, zusammen mit der Frage, ob jemand wisse, wie man es löst. Voraussichtlich werden Sie keine sinnvolle Antwort bekommen.

Was aber wird passieren, wenn Sie das Problem posten und verkünden, Sie hätten fantastischerweise die Lösung gefunden? Man müsse nur dies und jenes tun, um als Ergebnis den Wert 42 zu erhalten? Typischerweise geschieht Folgendes. Es wird nicht lange dauern, bis Ihnen jemand schreibt, dass Ihre Lösung und Ihre Methode barer Unsinn seien und die richtige Antwort vielmehr 17 wäre. Und er wird Sie darüber aufklären, wie er zu dieser Antwort kommt.

Ein konkretes Beispiel aus einem anderen Bereich. Wir haben folgende Frage: »Kann mir jemand sagen, wie ich von meinem Notebook X eine drahtlose Verbindung zu meinem Fernseher Y herstelle?« Keine Reaktion. Etwas später stellen wir im gleichen-Forum fest: »Es ist nicht möglich, von meinem Notebook X eine drahtlose Verbindung zu meinem Fernseher Y herzustellen.« In null Komma nichts wird uns jemand beschreiben, wie das geht.

Der Grund für dieses Verhalten liegt an den Besonderheiten der menschlichen Psyche. Wird im Netz eine Frage gestellt, muss man sich für die Antwort aufraffen, zumal wenn man denkt, dass viele andere wahrscheinlich ebenfalls diese Frage lesen. »Soll doch einer von den anderen antworten.« So denken aber manchmal alle.

Dasselbe psychologische Strickmuster prägt auch das Verhalten, wenn Menschen in Notsituationen stecken. Da kommt die dringend benötigte Hilfe nicht, weil alle Passanten denken, jemand anders hätte sicher schon die Polizei informiert. Wenn Sie also je in eine solche Lage kommen, bitten Sie nicht allgemein um Hilfe. Schauen Sie vielmehr jemanden direkt an und sagen: »Alarmieren Sie bitte die Polizei.« Damit haben Sie mehr Erfolg.

Das Prinzip der inaktiven Masse können Sie nur mit der gezielten Ansprache eines Einzelnen durchbrechen.
Genauso läuft es im Internet. Auch hier wirkt die träge Masse. Doch kaum postet jemand eine falsche Aussage, ist die Psychologie sofort eine andere. Dann bricht unser Hang zum Besserwissen durch. Es entsteht ein angenehmes Überlegenheitsgefühl. Schon dadurch, dass wir endlich mal sagen können, was Sache ist. Je höher der Status oder die Kompetenz des Korrigierten, desto besser fühlt es sich an.
Um Menschen also zu bewegen, Information preiszugeben, ist Desinformation ein Erfolg versprechender Ansatz. Sie ist mit größerer Wahrscheinlichkeit zielführender als eine freundliche Bitte um Hilfe.

> Das Wissen um das menschlich allzu Menschliche, auf dem Cunninghams Maxime beruht, ist nicht neu. Schon Arthur Conan Doyle, der Schöpfer von Sherlock Holmes, wusste das, als er den Meisterdetektiv sagen lässt: »Die Leute mögen es nicht, einem Informationen zu geben. Aber sie lieben es, einen zu korrigieren.«

Was bringt einem die Unordnung?

Eine kürzlich an der Universität Minnesota durchgeführte Studie hat wissenschaftlich bestätigt, was wir schon immer vermutet oder wir Unordentlichen zumindest gehofft haben. Unordentliche sind kreativer.
Der Aufbau der Studie war denkbar einfach. Zwei Gruppen von Probanden sollten sich ausdenken, wofür Tennisbälle verwendet werden könnten, vom Tennisspielen abgesehen.
Die eine Gruppe betrieb ihr Brainstorming in einem sehr unauf-

geräumten Raum, die andere in einem makellos ordentlichen. Jetzt dürfen Sie raten, welche Gruppe die kreativsten Vorschläge machte. Und zwar bei mehrmaliger Wiederholung des Experiments mit stets anderen Teilnehmern zu verschiedenen Tageszeiten. Es waren durchweg die Teams, die mitten im Chaos nachdenken mussten. Im Durcheinander agieren offenbar unser Geist geistreicher und unsere Fantasie fantasievoller. Unordnung ist ein Katalysator für das Schöpferische in uns.

Das trifft sich doch gut. Denn Prozesse, die sich selbst überlassen werden, haben die Neigung, von Ordnung in zunehmende Unordnung überzugehen. Um die Ordnung wiederherzustellen, muss dagegen Energie aufgewendet und eine gewisse Mühe investiert werden. Kurzum, es bedarf einer ordnenden Kraft.

Wirkt eine solche Kraft, dann sprechen Physiker von einer Versklavung des Systems. Ordnung ist kraftzehrend. Ordnung ist ein flüchtiger Zustand. Ordnung trägt nicht unbedingt zu guter Stimmung bei, da sie ständig gefährdet ist. Außerdem ist es anstrengend, sie aufrechtzuerhalten. Sie macht Arbeit und bringt wenig Spaß.

Ein Managementprofessor an der Columbia-Universität und ein amerikanischer Wirtschaftsjournalist haben mit einer Veröffentlichung eine Lanze für die Unordnung gebrochen. Sie widerlegten die Legende von der angeblich produktiven Ordnung. Vielmehr sei Ordnung alles andere als produktivitätssteigernd. Sie herzustellen und aufrechtzuerhalten, koste je nach Situation Zeit, Nerven, Energie und/oder Geld. Auch zeigten ihre Untersuchungen, dass Ordnungsliebende im Schnitt sogar ein Drittel mehr Zeit brauchen als Ordnungsmuffel, um benötigte Materialien, Dokumente oder Zettel zu finden. Verordnete Ordnung taugt nichts! Ordnungsmuffeln bringt mehr.

Natürlich gibt es auch andere Meinungen zum Thema. Das Verb *to kondo* hat inzwischen in die englische Sprache Einzug gehalten. Es ist ein Verb gewordener Nachname und bedeutet »sein Leben aufräumen, indem man seine Wohnung aufräumt«. Namensgeberin ist die japanische Aufräumspezialistin Marie Kondo. Ihr Buch *Magic Cleaning* wurde in mehr als 20 Sprachen übersetzt und ist ein Bestseller, der sich weltweit mehr als 7 Millionen Mal verkaufte. Dieses Evangelium des Aufräumens ist ein Ordnungsmanifest, mit dem aus jedem Messie ein Chaos-Minimalist werden kann. Es führte besonders in den USA zu einem regelrechten Hype, aus dem sich Medienformate von Aufräum-TV-Shows bis zu Netflix-Serien entwickelten. Das *Time Magazine* hat die Ordnungsfee 2015 in seine Liste der 100 einflussreichsten Menschen der Welt aufgenommen.

Marie Kondos These ist denkbar einfach. Sie lautet, dass wir Menschen in unordentlichen Verhältnissen voller Irgendwiebrauche-ich-das-noch-Dingen leben, die wir in Wahrheit überhaupt nicht brauchen. Sie haben sogar eine ungute Wirkung, denn durch sie wird unser Leben zu einem Irgendwie-Leben. Ihrer Meinung nach ist es besser, sich von zwei Dritteln aller Gegenstände zu trennen, die den eigenen Wohnraum bevölkern, und zwar mit einem Respekt bezeugenden Ritual. Eine echte Befreiung nennt sie das. Den restlichen Habseligkeiten muss eine feste Adresse in der Wohnung zugewiesen werden, und diese feste Zuordnung sollte aufrechterhalten werden. Das Aufräumen unserer äußeren Umgebung ordnet auch unser Inneres und unsere Seele. Denn Ordnung bedeutet in der Kondo-Welt Selbstdisziplinierung.

So weit die Denkweise von Marie Kondo, die viele Menschen in ihren Bann gezogen hat. Ich möchte allerdings zu bedenken geben, dass Ordnung zwar das halbe Leben ist, Unordnung jedoch das ganze. Und das ist gut so. Denn ein durch und durch aufgeräumtes Zimmer hat seine Schattenseiten. Mit übermäßiger Ordnung, konstant aufrechterhalten, gelangt man schneller als gedacht in den Grenzbereich zur Neurose.

Daneben gibt es weitere negative Wirkungen des Allzu-Ordentlichen für die eigene Persönlichkeit. Psychologischen Untersuchungen zufolge neigen Ordnungsfans mit rigiden Aufräumphilosophien im richtigen Leben zu autoritärem Denken. Das ist ein mächtiges Manko. Eine ausufernde Aufräumleidenschaft ist insofern nicht nur eine Kreativitätsklemme, sondern ein Autoritätsvehikel.

Kurzum: Unordnung ist völlig in Ordnung! Jedenfalls als Impuls gebende Voraussetzung für den erfinderischen Geist. Albert Einstein fragte: »Wenn ein unordentlicher Schreibtisch auf einen unordentlichen Kopf hinweist, auf was weist dann ein leerer Schreibtisch hin?« Recht hat er! Machen Sie also ein bisschen Unordnung, wenn Sie auf einen Geistesblitz warten.

Warum kaufen wir oft mehr ein als geplant?

Der Name war Gruen, Victor Gruen. Er lebte von 1904 bis 1980. Geboren in Österreich, wanderte er 1938 in die USA aus. Von Beruf war er Architekt. Genauer gesagt, der Architekt, der die Menschheit mit der ersten riesigen Shopping Mall beglückte. Im Jahr 1956 entstand sie nach seinen Plänen im US-Bundesstaat Minnesota.

Nach Victor Gruen ist auch der *Gruen-Transfer* benannt. Das ist ein psychologischer Effekt, der sich bei vielen Menschen in weitläufigen Einkaufszentren einstellt. Er bezeichnet das Gefühl von leichter Beklemmung, das uns beim Betreten solcher Orte befällt. Grund dafür sind die verwirrenden Aufbauten vieler verlockender Waren. Diese und andere Maßnahmen sollen uns vergessen machen, was wir eigentlich einkaufen wollten, und uns zu Spontankäufen verführen. Der Effekt des Gruen-Transfers ist umso ausgeprägter, je größer das Einkaufszentrum ist. Trotzdem macht er sich durchaus auch in normalen Supermärkten bemerkbar. Letzten Endes ist er verantwortlich, wenn man nur schnell einen Liter Milch kaufen wollte und dann nach mehr als einer halben Stunde mit vollem Einkaufswagen an der Kasse steht und die Milch vergessen hat. Wem ist das nicht auch schon mal passiert?

Der Gruen-Transfer kann sich deshalb auswirken, weil wir mit dem Einkaufszentrum eine andere Welt betreten. Einkaufszentren bilden in sich abgeschlossene Erlebnisräume, in denen die Realität und die Realzeit ein Stück weit außer Kraft gesetzt sind. Tauchen wir in diese Räume ein, befinden wir uns in der Shopping-Welt, in der die Shopping-Zeit gilt. Diese Welt und diese Zeit gehorchen anderen Gesetzen. Der Begriff *Dritter Ort* des Soziologen Ray Oldenburg beschreibt es gut. Nach der Wohnung und dem Arbeitsplatz ist der Dritte Ort eine Umgebung, zu der man stets zurückkehren könnte.

Architektonisch geht es bei der Shopping-Welt um die Erschaffung einer Umgebung, die Menschen gerne aufsuchen, in der sie gerne verweilen und bereitwillig Geld ausgeben.
Die Ausstattung dieser Räume ist ziemlich ausgeklügelt. Es fängt schon damit an, dass es im Supermarkt nirgendwo eine Uhr gibt, an der man sich orientieren kann. In den abgeschlossenen Räumen wird durch wohldosiertes Kunstlicht eine Wohlfühlatmosphäre erzeugt, unterstützt durch die aus dem Off eingespielte Musik. Alle Warenarrangements sind gefällig. Die Produkte werden in so großer Zahl dargeboten, dass man unweigerlich dazu neigt, mehr davon in den Einkaufswagen zu legen.
Nicht das Geringste soll unsere Behaglichkeit stören. An alles wurde gedacht. Selbst an die Tatsache, dass Menschen ungern durch Rechtskurven navigieren. Nichts leichter, als das zu vermeiden. In Deutschland sind 98 Prozent aller Supermärkte baulich so angelegt, dass die Kunden sie rechts betreten und sich dann auf einer Linkskurve zu den Kassen vorarbeiten.
Der Kassenbereich mit einer Warteschlange vor jeder besetzten Kasse ist so gestaltet, dass der Kunde den Einkaufsbereich nicht schnellstmöglich wieder verlassen kann. Denn es gibt bessere Organisationsformen des Bezahlvorgangs. Etwa das Prinzip der sogenannten amerikanischen Warteschlange. Diese Form wird bei uns in Postfilialen gepflegt. Ankommende stellen sich am Ende einer meist recht langen Schlange an, die sich aber schnell verkürzt. Am Kopf der Schlange angekommen, wird der Kunde vom nächsten freien Mitarbeiter bedient.
Bei diesem Schlangenprinzip werden unter sonst gleichen Bedingungen in derselben Zeit mehr Menschen durchgeschleust als in Supermärkten mit einer Schlange vor jeder Kasse. Das ist mathematisch nachweisbar. Der Grund für die unter Zeitaspekten nicht optimale Organisation in Supermärkten besteht darin, dass ihre Betreiber nichts dagegen haben, wenn ihre Kunden länger im Markt bleiben. Der Gruen-Transfer und alle weiteren Kniffe aus der psychologischen Trickkiste sind darauf angelegt,

die Verweildauer der Kunden und ihre Tendenz zu Spontankäufen zu steigern.
Warum ich Ihnen das erzähle? Waren Sie sich des Gruen-Transfers bisher nicht bewusst, dann sind Sie sensibilisiert und können aktiv gegensteuern, sofern Sie das möchten. Was auch hilft, die Psychofallen beim Einkauf zu umgehen: Schreiben Sie erstens vorher einen Einkaufszettel und halten Sie sich zweitens daran.

Wie kommen Rekorde und Siege zustande?

Es ist der 18. Oktober 1968. Ein großer Teil der Weltöffentlichkeit blickt nach Mexiko. Dort finden gerade die Olympischen Spiele statt. Am Nachmittag steht unter anderem der Weitsprung der Männer auf dem Programm. Zu den Favoriten zählt Ralph Boston, der damals den Weltrekord hält. Das sind 8,35 Meter. Auch ein gewisser Bob Beamon, ein gelernter Schneider und praktizierender Sozialarbeiter, hatte im Vorfeld der Olympiade auf sich aufmerksam gemacht.
Der Fortschritt der Bestleistungen im Weitsprung war zuvor minimal gewesen. Es hatte fast auf den Tag genau 30 Jahre gedauert, um die Bestweite um 22 Zentimeter zu verbessern. Am 25. Mai 1935 war der Ausnahme-Sportler Jesse Owens 8,13 Meter gesprungen, und Ralph Bostons Weltrekordsprung ereignete sich am 29. Mai 1965. Dazwischen gab es sechs neue Weltrekorde mit Verbesserungen von im Mittel vier Zentimetern. Pro Jahr weniger als ein Zentimeter. Das gibt eine gute Vorstellung davon, wie hart jede neue Bestmarke der Sandgrube abgerungen werden musste.
An jenem 18. Oktober also, um 15 Uhr 50 Ortszeit im Olympia-Stadion von Mexico City, setzt Bob Beamon, der vorher von 23

Wettkämpfen nur einen verloren hatte, zu seinem ersten Sprung an. Neunzehn Schritte Anlauf in sechs Sekunden, Absprung haargenau an der Linie des Balkens, und dann das, was kein Zweiter konnte wie er: Er fliegt und fliegt und fliegt.

Als die Sandkörner in der olympischen Sandgrube wieder zur Ruhe kommen, als die perplexen Kampfrichter ein Maßband geholt hatten, weil die elektronische Messanlage eine solche Weite nicht ermitteln konnte, als die Sprungweite akribisch vermessen und das Ergebnis angezeigt worden war, da tost das Publikum im Stadion und will nicht mehr aufhören: 8,90 Meter. Eine schier unglaubliche Weite.

Ein einziger Sprung, und das olympische Weitsprungfinale war entschieden. Ein Sprung in eine andere Welt, eine Verbesserung der alten Bestmarke um mehr als einen halben Meter. Beamons Mitkonkurrenten trauten ihren Augen nicht und standen unter Schock. Beamon brach zusammen. Er und alle Zuschauer waren sich der Größe des Augenblicks bewusst.

Kein Sprung wurde von Sportwissenschaftlern so genau analysiert wie Beamons Flug. Einige Dutzend Parameter wurden analysiert und aus verfügbaren Daten und Fernsehaufzeichnungen ermittelt. Anlaufgeschwindigkeit, Absprungwinkel, Flugkurve, maximale Höhe der Sprunglinie, Rückenwind, Bodenbelag der neuen Kunststoffbahn, Höhenlage des Stadions, Temperatur, Luftfeuchtigkeit und so weiter. Die Untersuchungen kamen zu dem Ergebnis, dass an diesem Tag für Bob Beamon alles irgendwie optimal zusammengekommen war. Talent, Tagesform und unkontrollierbare Einflüsse wie das Wetter.

Um Beamons Leistung noch zu unterstreichen, sei erwähnt, dass zwar alle anderen Finalisten dieselben guten Bedingungen vorfanden, der Nächstplatzierte Klaus Beer aus der DDR aber 71 Zentimeter weniger weit sprang und der nunmehr Ex-Weltrekordhalter Ralph Boston mit 8,16 Metern nur die Bronzemedaille gewann.

Die Weltpresse überschlug sich am nächsten Tag mit Superlativen. Vom Sprung in die Zukunft, Riesensprung für die Menschheit oder einem Sprung ins 21. Jahrhundert wurde geschrieben. Die Zukunft zeigte, dass sich Letzteres dann doch nicht bewahrheitete. Knapp ein Vierteljahrhundert später, bei den Leichtathletik-Weltmeisterschaften von Tokio im Jahr 1991, konnte Mike Powell mit 8,95 Metern eine neue Bestmarke aufstellen.

Leistungen wie die von Beamon lassen einen staunend zurück. Wie kommen sie zustande? Wie kommen generell Rekorde zustande?

Ein Wissenschaftlerteam vom Forschungszentrum Jülich ist dieser Frage nachgegangen. Sein Modellansatz ist ziemlich plausibel. Die konkrete sportliche Leistung eines Sportlers, etwa seine gelaufene Zeit im Finale einer Weltmeisterschaft, wird von einer ganzen Reihe von Faktoren bestimmt. Dazu gehört natürlich ganz entscheidend seine Grundfähigkeit. Nennen wir die einfach *Talent*. Hinzu kommen weitere Einflüsse wie der Trainingszustand und die Qualität seiner Ausrüstung. Fassen wir das unter *kontrollierbare Faktoren* zusammen. Schließlich gibt es noch eine ganze Reihe unkontrollierbarer Faktoren. Dazu kann man die Tagesform, die psychische Befindlichkeit, die Witterungsbedingungen, die Qualität der Sportstätte, die Stimmung des Publikums, die Bedeutung des Wettkampfes, die Stärke der Konkurrenz und so weiter zählen. Bezeichnen wir diese Faktoren, die teils Zufallseinflüssen unterliegen, in ihrer Gesamtheit kurz als *Zufall*.

Nach Meinung von Experten ist es nun so, dass in vielen Sportarten die Weltelite das Leistungslimit des menschlichen Körpers selbst bei Berücksichtigung von Doping fast erreicht hat. Auch durch noch ausgefeiltere Technik und effektivere Trainingsmethoden wird sich nicht sehr viel mehr herausholen lassen. Auch die Leistungssteigerung durch verbesserte Ausrüstung scheint inzwischen sehr begrenzt.

In der Vergangenheit war das nicht so. Es gab in vielen Sportarten revolutionäre Neuerungen. So hat sich der Hochsprung durch die Einführung neuer Sprungtechniken einige Male neu erfunden. Alle Techniken entsprechen dem Regelwerk. Das schreibt lediglich vor, dass nur mit einem Bein abgesprungen werden darf.

Die älteste und im 19. Jahrhundert dominierende Technik ist die Frontalhocke. Der Sportler läuft von vorne direkt auf die Latte zu und springt kraftvoll ab. 1874 führte William Page aus den USA den Schersprung ein, bei dem er seitlich anlief, mit aufrechtem Oberkörper absprang und das der Latte nächstgelegene Bein gestreckt nach oben schleuderte. Der Schersprung wurde irgendwann vom Straddle abgelöst, auch Wälzer genannt. Bei dieser Variante wird die Latte bäuchlings überquert. Die folgenden Jahrzehnte sprang die gesamte Weltelite mit dieser Technik. Bis dann bei den Olympischen Spielen von 1968 Richard Fosbury den heute nach ihm benannten Fosbury Flop zeigte. Er lief beim Anlauf eine Kurve, drehte sich nach dem Absprung in der Aufstiegphase um und überquerte die Latte rücklings. Als Fosbury, ein nach eigener Aussage zweitklassiger Athlet, erstmals diese Technik vorstellte, lachte das Publikum. Die Kampfrichter steckten die Köpfe zusammen, um zu beraten, ob das überhaupt erlaubt war. Doch als Dick Fosbury damit die Goldmedaille gewann, lachte niemand mehr. Bis heute ist der Fosbury Flop die dominierende Sprungtechnik und hat dazu beigetragen, die Weltrekordhöhe bei den Männern auf aktuell 2,45 Meter hochzuschrauben.

Im Schwimmen ergab sich 1999 mit der Einführung des Ganzkörper-Schwimmanzuges eine ähnlich einschneidende Verbesserung. Bis zu diesem Zeitpunkt gab es bei den Schwimmrekorden lange nur noch Verbesserungen im Bereich von Hundertstelsekunden. Diese Verlangsamung sprach dafür, dass selbst die talentiertesten und austrainiertesten Körper kurz vor einer nicht überwindbaren Grenze standen. Zwischen 2006 und 2010 boten dann Anzüge mit aerodynamischem Design und maximalem Auftrieb einen eklatanten Vorteil in Bezug auf Strömungsdyna-

mik und Wasserlage. Ihr Einsatz führte zu unglaublichen Rekorden. Material und Design wurden daraufhin vom Weltschwimmverband reglementiert und vereinheitlicht. Alle Athleten tragen seitdem mehr oder weniger die gleichen Anzüge, die strengen Normen entsprechen müssen. Verordnete Chancengleichheit sozusagen. Schwimmen als Leistungssport ist also auch eine Materialschlacht. Man kann davon ausgehen, dass auch andere Sportarten, wie etwa die Laufwettbewerbe, in Zukunft mit signifikanten Neuerungen bei der Ausrüstung aufwarten werden.
Außerdem gab es in den letzten Jahrzehnten in allen Sportarten wesentliche Verbesserungen durch Trainingsmethoden und Erkenntnisse zur Sportlerernährung. Und leider auch bei den Dopingmethoden.
Durch diese Entwicklungen und durch die Globalisierung liegt heute in den meisten Sportarten die Weltspitze extrem nah beieinander. Über Sieg und Platzierung entscheiden je nach Disziplin ein paar Hundertstel, wenige Zentimeter oder eine Handvoll Punkte. Daraus folgt, dass den Zufallseinflüssen eine große Bedeutung für neue Rekorde zukommt.
Manche Bestmarken lassen sich durch optimales Zusammenwirken verschiedener Einflüsse erklären. Auch diesem Aspekt sind Wissenschaftler vom Forschungszentrum Jülich nachgegangen. Sie werteten die Leistungen der Sportler bei den Deutschen Leichtathletikmeisterschaften über ein Jahrzehnt lang aus. Mithilfe der gewonnenen Daten sagten sie die Zahl der Rekorde für die nächsten Jahre vorher. Die Vorhersagen erfolgten unter der Annahme, dass es keine Weiterentwicklung bei den kontrollierbaren Erfolgsfaktoren der Elite gab, also keinen echten Leistungsfortschritt der Spitzenathleten, keine verbesserten Trainingsmethoden oder Ausrüstungsfortschritte. Die wahrscheinlichen Rekorde wurden also allein unter der Annahme eines günstigen Zusammenspiels aller Zufallsfaktoren ermittelt, pro Sportler, Veranstaltung, Wettkampf und Lauf, Sprung, Wurf etc. Es wurde also die konkrete Leistung jedes Spitzensportlers

als Resultat des gemeinsamen Leistungsniveaus der Elite und des individuell wirkenden Zufalls aufgefasst. Nach diesem Modell haben wir es immer, wenn ein Sportler an den Start geht, mit einer zufallsbehafteten Leistung zu tun, also einem Zufallsexperiment, wie die Statistiker sagen.

Jedes weitere Sportereignis vergrößert die Zahl der Rekordversuche und deshalb auch bei unverändertem Spitzenniveau die Wahrscheinlichkeit, durch individuell günstige Zufallseinflüsse eine neue Bestmarke zu erzielen.

Die Prognosen bei konstantem Leistungsniveau sollten anschließend mit der Realität verglichen werden. Entspricht die vorhergesagte Zahl der Rekorde den tatsächlich erzielten, kann man annehmen, dass es keinen spürbaren Fortschritt beim Leistungsniveau der Elite gab. Nur wenn die tatsächliche Zahl wesentlich höher sein würde als die vorhergesagte, wäre von einem sportlichen Fortschritt auszugehen. Auf diese ausgeklügelte Weise lassen sich Verbesserungen der Bestmarken mit Fortschritten des Leistungsniveaus und dem Wirken des Zufalls in Zusammenhang bringen sowie auch das eine vom anderen sinnvoll trennen.

Die Jülicher Forscher fanden heraus, dass in fast allen untersuchten Sportarten die verzeichneten Rekorde im Prognosezeitraum sehr gut mit der Vorhersage übereinstimmten. Nur in vier Disziplinen übertrafen die Rekordzahlen deutlich die Vorhersagewerte. Und zwar beim Stabhochsprung, dem 110-Meter-Hürdenlauf sowie beim Gehen über 20 und 50 Kilometer. In diesen Sportarten gab es also systematische Verbesserungen und nicht nur glückliche Zufallseinflüsse.

Ähnliche Schlussfolgerungen wie für die deutschen Sportler ergaben sich für die Leistungen der Weltspitze. In einer amerikanischen Studie beispielsweise wurde die Leistungsentwicklung in den Sportarten der Leichtathletik untersucht. Die Datenbasis bildeten 14000 Spitzenleistungen in allen Teildisziplinen über viele Jahrzehnte und mehrere Generationen von Sportlern hinweg. Ziel war es, die menschlichen Leistungsgrenzen mathematisch zu ergründen.

Sehen wir uns den 100-Meter-Lauf der Männer als Königsdisziplin der Laufwettbewerbe an. Unter Verwendung der Extremwerttheorie kalkulierten Statistiker eine Zeit von 9,29 Sekunden als Schallgrenze für den Menschen. Davon ist Usain Bolts Weltrekord von 9,58 Sekunden noch etwas entfernt. Andere Forscher haben andere Leistungsgrenzen ermittelt. Biologen der Stanford University halten nur eine Zeit von 9,48 Sekunden für menschlich machbar, Datenanalytiker der Cambridge University setzen dieses Limit bei 9,40 Sekunden.

Der Zufall spielt nicht nur bei Höchstleistungen, sondern generell im Sport eine Rolle. Bei einigen Sportarten ist sein Anteil jedoch größer als bei anderen. Was ist beispielsweise mit der Lieblingssportart Nr. 1 auf dem Planeten, Fußball? Wissenschaftler der verschiedensten Disziplinen haben sich mit ungeheuer vielen Aspekten dieses Spiels beschäftigt, insbesondere mit den spielentscheidenden Vorkommnissen, den Toren.

Rund 2500 Tore aus einem Zeitraum von mehreren Jahren Fußballbundesliga wurden von Sportwissenschaftlern der TU München inspiziert und dann in Klassen eingeteilt. Entstand das Tor aus einem geplanten Spielzug oder war es ein Zufallstor? Zufallstore weisen mindestens eines der folgenden Merkmale auf:

- Der Schuss wird abgefälscht.
- Dem Torschuss geht ein Abpraller voraus.
- Der Ball springt gegen Latte oder Pfosten.
- Der Torwart hat starken Kontakt mit dem Ball.
- Der Ball kommt vom Gegner.
- Das Tor wird aus großer Entfernung erzielt.

In all diesen Fällen kann man sagen, dass das Tor nicht auf geplante oder planbare Ereignisse auf dem Spielfeld zurückzuführen ist. Die Studie ergab, dass rund 40 Prozent der Tore im

Fußball Zufallstore gemäß dieser Definition sind. Da Tore im Fußball ein Spiel entscheiden und ein großer Teil davon zufallsbehaftet ist, gilt dies damit für das Spiel insgesamt. Der Ausgang eines Fußballspiels wird stark durch den Zufall beeinflusst. Es gewinnt nicht unbedingt die nach Leistungsniveau ihres Kaders nominell bessere Mannschaft. Der Vorteil der Leistungsstärke eines Teams wird durch Wirkung des Zufalls nicht unbedeutend verwischt.

Daraus lässt sich eine Handlungsempfehlung für das Spiel schwächerer Gegner gegen Favoriten ableiten. Für die vermeintlich unterlegene Mannschaft ist es günstig, aktiv Bedingungen herbeizuführen, in denen Zufallstore leichter fallen. Dazu gehört die Erzeugung von Konfusion, speziell im gegnerischen Strafraum oder kurz davor.

Wohl in keiner anderen Mannschaftssportart hat der Ausgang eine derart große Zufallskomponente wie im Fußball. Das in mancher Hinsicht ähnliche Handballspiel ist in dieser Hinsicht anders ausgelegt. Beim Handball gewinnt fast immer die formal überlegene Mannschaft, und die Tore haben einen viel geringeren Zufallsanteil. Das liegt daran, dass Handballer mit der Hand eine viel größere Kontrolle über den Ball haben als Fußballer über ihr Spielgerät. Handball bezieht seine Faszination deshalb auch weniger aus den Zufallseinflüssen beim Fallen der Tore, sondern aus der Dynamik der Spielzüge und Wucht der Torwürfe. Zur weltweiten Faszination des Fußballs hingegen trägt der Zufall entscheidend bei.

Wie schimpft man angemessen?

Schimpfen ist ein Sozialverhalten, bei dem in lautstarker Weise Kraftausdrücke gegen andere Menschen verwendet werden. Schimpfen ist personenbezogenes Fluchen. Insofern haben die dabei verwendeten Worte alle Vorteile, die es beim Fluchen gibt. Schimpfen wirkt emotional entlastend. Es ist gesünder, als seinen Ärger und seine Wut in sich hineinzufressen. Es bewirkt einen Aggressionsabbau. Der erste Mensch, der lieber frisch drauflosgeschimpft hat, als seine Fäuste sprechen zu lassen, brachte die Menschheit weiter. Er hat das Miteinander der Menschen auf eine neue, gewaltreduzierte Ebene gehoben.

Da sich im Unterschied zum Fluchen das Schimpfen nicht gegen eine Situation, sondern Person richtet, sind die möglichen Risiken und Nebenwirkungen einschneidender. Obwohl im Prinzip auf Aggressionsabbau angelegt, kann das Schimpfen dennoch der Beginn einer Eskalation sein und in Handgreiflichkeiten münden.

Je nach gewählter Form der Beschimpfung ist auch der strafrechtlich relevante Bereich der Beleidigung berührt. Das kann kosten. Auch Geld. Die Beleidigung eines Polizisten als »fieses Miststück« kostet satte 2500 Euro. Insofern sollte man sich genau überlegen, wen man wie beschimpft. Übrigens, falls Sie sich gerade an meiner Verwendung der Worte in Anführungszeichen gestört haben – über das Schimpfen und Fluchen schreibt man entweder völlig ungeniert und offen, oder man sollte es ganz bleiben lassen.

Neigung zum Schimpfen und Art des Schimpfens sind kulturabhängig. Wobei eins klar ist. Geschimpft wird in allen Kulturen. Das Schimpfen dürfte so alt sein wie die Menschheit und findet sich in allen gesellschaftlichen Schichten. Mit konkreten Beispielen historisch zurückverfolgen kann man das Schimpfen rund 3000 Jahre bis zur *Rigveda*, einem in Sanskrit abgefassten

Text aus dem indischen Sprachraum, in dem das Wort *Hund* als Beleidigung für einen Menschen verwendet wird.
Doch was vor Jahrtausenden in einer Kultur eine üble Beschimpfung war, kann heute in einer anderen Kultur ein Kompliment sein. Sagt man in Bayern von jemandem: »A Hund is' a scho«, dann wird damit durchaus anerkennend ausgedrückt, dass dieser Jemand schlau und clever ist.
Schimpfen ist immer ein Tabubruch. Will man wissen, wo in einer Gesellschaft die größten Tabus herrschen, muss man die in ihr gebräuchlichen Schimpfworte betrachten. In allen Kulturen wird entweder das historisch oder aktuell am stärksten tabuisierte Thema fürs Schimpfen auserkoren. Insofern sind die in einer Sprache verwendeten und in einer Szene gängigen Ausdrücke eine wahre Fundgrube für Linguisten und Anthropologen. Zumal der Sprachraum kaum normiert oder eingeschränkt ist.
Grundsätzlich gibt es drei große Gruppen unter den Schimpfern. Da sind die Prüden – Amerika, Großbritannien, die slawischen Länder sowie protestantische Landstriche im Norden Europas. Sie machen hauptsächlich von sexuell gefärbten Ausdrücken Gebrauch. Und dann gibt es die Familienbeschimpfer. Die finden sich überwiegend im katholischen Süd- und Südosteuropa, in Asien, Afrika und der Südsee, wo die Familienehre, speziell die der Mutter und des Familienoberhaupts, einen enorm großen Stellenwert hat.
Wo stehen wir? Deutschland fällt in dieser Einteilung eher in die Kategorie der Fäkalienverwender. Psychoanalytiker interpretieren das dahin gehend, dass unser Land malediktorisch, also beschimpfungstechnisch, noch in der analen Phase steckt, also in einer frühen Entwicklungsstufe.
Besonders subtil geht es in dieser Beziehung in den Kulturen der indigenen Völker Nordamerikas zu. Bei ihnen ist es bereits ein absolutes No-Go, den Namen eines verstorbenen Familienmitglieds zu erwähnen. Schon das gilt als Ahnenschmähung. Auch Südseekulturen verstehen in dieser Hinsicht keinen Spaß, etwa

wenn ein Mann den Namen der Ehefrau eines anderen Mannes benutzt.
Zu guter Letzt noch ein paar Tipps für gesundes Schimpfen: Schimpfen Sie dosiert. Damit nutzen Sie seine entlastende Wirkung als Überdruckventil. Tatsächlich baut Fluchen und Schimpfen durch die Ausschüttung von Hormonen spürbar Stress ab. Das wurde von Physiologen experimentell untersucht. Wer schimpft, fühlt sich stärker. Wer allerdings zu häufig auf sein Schimpfvokabular zurückgreift, bei dem verliert sich die Stress abbauende Wirkung.
Schimpfen Sie kreativ und nach Möglichkeit mit einer kleinen Beigabe von Humor. Beschimpfen Sie nie direkt Ihr Gegenüber. Falls doch, dann achten Sie darauf, dass Ihr Schimpfen nicht als Beleidigung aufgefasst werden kann. Auch sollten Sie sich gleichrangige Menschen für Ihre Schimpftiraden aussuchen und nicht etwa Untergebene.
Ganz wichtig: Schimpfen Sie niemals mit Ihren Kindern!
Verbale Gewalt durch Anschreien und Ausschimpfen aktiviert im Gehirn eines Kindes dieselben Hirnareale wie das Geschlagenwerden, hat somit die gleichen negativen Folgen. Schimpfen beeinträchtigt das Selbstwertgefühl des Kindes und nicht zuletzt Ihre Beziehung zum Kind.

Sind Sie kompetent?

Ich bin sicher, Sie kennen das und haben sich vermutlich auch schon diese Frage gestellt: Warum sind ausgerechnet die inkompetentesten Leute so von sich überzeugt? Warum strahlen sie Selbstsicherheit aus, während fähige, talentierte, leistungsbereite, also wirklich kompetente Mitmenschen ihre Fähigkeiten oft gering schätzen und ein weniger ausgeprägtes Selbstbewusstsein an den Tag legen? Das Phänomen ist so verbreitet, dass es in der Psychologie einen Begriff dafür gibt: *Dunning-Kruger-Effekt*. David Dunning und Justin Kruger von der Cornell-Universität haben diese Verhaltensstrukturen im Jahr 1999 erstmals analysiert.

In ihrer Studie wurde die Kompetenz zahlreicher Probanden mit Tests zu Allgemeinbildung und Intelligenz untersucht. Am Ende der Tests sollten die Teilnehmer dann einschätzen, wie sie im Vergleich mit den anderen abgeschnitten haben. Überraschenderweise hielten sich gerade die im Test besonders unterdurchschnittlichen Teilnehmer für überdurchschnittlich erfolgreich. In besonders krassen Fällen hielten sie sich sogar für verkannte Genies. Die Erklärung für das extrem starke Ego der am wenigsten Kompetenten ist nach Ansicht der Psychologen, dass die Inkompetenz der Inkompetenten so groß ist, dass ihre Kompetenz nicht einmal ausreicht, die eigenen Defizite zu erkennen.

Viele inkompetente Menschen sind jedoch nur in Maßen inkompetent. Bei aller Inkompetenz gelingt es ihnen immerhin, ihre eigene Unfähigkeit vollständig oder teilweise zu kompensieren. Der Philosoph Odo Marquard nennt diese Fähigkeit Inkompetenzkompensations-Kompetenz. Den nach Dunning-Kruger Intensiv-Inkompetenten muss aber Inkompetenzkompensations-Inkompetenz attestiert werden. Diese Menschen fühlen sich nicht selten deshalb als verkannte Geistesgrößen, weil sie Taten und Leistungen Hochbegabter nicht erkennen und somit auch nicht würdigen können.

Umgekehrt sind die tatsächlich kompetenten Menschen überraschend oft vergleichsweise bescheiden, weil ihre Kompetenz sie befähigt, das Geniale zu erkennen. Sei es in den Schöpfungen eines Mozart, Gauß, Rembrandt oder wer auch immer die Helden ihrer eigenen Disziplin sein mögen. Der Vergleich mit diesen Helden macht sie demütig, obwohl sie angesichts ihrer eigenen Leistungen durchaus selbstbewusst sein könnten.

Der Dunning-Kruger-Effekt erklärt viele Phänomene des Alltags. Etwa, warum die Unfähigsten im Büro diejenigen sind, die vor Selbstgewissheit nur so strotzen. Wenig zu wissen, erzeugt in diesen Menschen mehr Selbstsicherheit, als mehr zu wissen bei den Bescheidenen.

> Es ist ein Jammer, dass die Dummen so selbstsicher
> und die Klugen so voller Zweifel sind.
> *Bertrand Russel (1872 bis 1970)*

Vorsicht ist also geboten, wenn Sie denken, dass Sie der Allerkompetenteste und alle anderen inkompetent sind. Nicht mit Sicherheit, aber sehr wahrscheinlich sind dann Sie der Geisterfahrer auf der Autobahn – nicht die hundert anderen, die Ihnen entgegenkommen.

Wollen Sie schnell testen, wie schlau Sie sind?

Der kürzeste und schnellste Schlauberger-Test der Welt wurde 2005 vom US-amerikanischen Wirtschaftsprofessor Shane Frederick entwickelt. Dieser Test besteht aus nur drei Fragen. Überprüft wurde er an mehr als 3000 Menschen aus einem breiten gesellschaftlichen Spektrum, darunter auch Absolventen von Spitzen-Universitäten. Es handelt sich um mittelschwere Alltagsfragen. Dennoch konnten nur 17 Prozent der Teilnehmer alle Fragen richtig beantworten. Die Fragen lauten:

1. Ein Schläger und ein Ball kosten zusammen 1,10 Euro. Der Schläger kostet 1 Euro mehr als der Ball. Wie viel kostet der Ball?

2. 5 Maschinen stellen in 5 Minuten 5 Teile her. Wie lange brauchen dann 100 Maschinen, um 100 Teile herzustellen?
3. Auf einem See wächst eine Seerosenpflanze. Sie wächst so schnell, dass sie ihre Fläche jeden Tag verdoppelt. Nach 48 Tagen bedeckt die Seerose den ganzen See. Nach wie vielen Tagen hatte sie den halben See bedeckt?

Was den Test offenbar für viele Menschen schwer macht, ist die Tatsache, dass es für jede der drei Fragen eine auf der Hand liegende Antwort gibt, die völlig plausibel ist:

1. 10 Cent
2. 100 Minuten
3. 24 Tage

Wenn ich Ihnen jetzt sage, dass alle Antworten falsch sind, werden die meisten von Ihnen keine Mühe haben, mit etwas Zeit die richtigen Antworten zu ermitteln:

1. 5 Cent
2. 5 Minuten
3. 47 Tage

Es ist ein Zeichen von Intelligenz, die naheliegenden Antworten als falsch zu erkennen, den plausiblen Anfangsverdacht zu verschmähen, zu durchdringen und zur Lösung vorzustoßen.

Was bedeutet es, wenn jemand mitgähnt?

Wenn Sie das Wort »gähnen« lesen, wie zum Beispiel jetzt, und dann selbst anfangen zu gähnen, sind Sie kein Einzelfall. Gähnen ist ansteckend. Es kann nicht nur von einem gähnenden Gegenüber ausgelöst werden, sondern auch, wenn Sie nur ans Gähnen denken. Auch ich gähne beim Schreiben gerade wie ein Pawlowscher Hund nach einer durchwachten Nacht. Ansteckendes Gähnen zeigt sich bei zwei Dritteln aller Menschen. Aber nicht nur. Auch Hunde, die Menschen gähnen sehen, fangen meist damit an.

Das Gähnen ist Gegenstand intensiver wissenschaftlicher Forschung. Es wird seit Jahrzehnten von Fachleuten verschiedenster Richtungen studiert. In Beobachtungen, Studien und Experimenten wurden viele Erkenntnisse zutage gefördert.

Zum Beispiel über das Warum. Wir gähnen, wenn wir müde sind oder uns langweilen. Eine gängige Theorie dazu lautet: Wenn wir über längere Zeit relativ flach atmen, dann kommt zu wenig Luft in die kleinen Lungenbläschen. Doch die brauchen viel Luft, um sich zu erweitern und auf diese Weise offen zu bleiben. Sie sollen nämlich nicht an den Seiten verkleben. Falls das doch passiert, gibt unser Gehirn den Befehl zum Gähnen aus. Großhirn an Mundmuskeln: »Fertig machen zum …« Sie kennen das. Gähnen ist mit sehr tiefem Einatmen verbunden, und dadurch werden unsere Lungenbläschen wieder glücklich. Das Durchlüften unseres Atemorgans ist also eine seiner Aufgaben. Nebenbei wird durch das Gähnen auch unser Gehirn gekühlt, sodass der Initiator des Gähnens selbst einen kleinen Nutzen davon hat.

Das erklärt jedoch nicht den ansteckenden Charakter des Gähnens, der sich im Alter von vier Jahren ausbildet. Vorher gähnen Kinder zwar auch schon, lassen sich aber zum Gähnen nicht anstiften. Wissenschaftler der Universität Pisa haben sich mit diesem Aspekt beschäftigt und kamen zu dem Ergebnis: Durch das Gähnen in geselligen Situationen zum Gähnen angeregt zu werden, zeugt von unserer Empathie, also der Fähigkeit, uns in die emotionale Lage unserer Mitmenschen einzufühlen. Es signalisiert eine Art von emotionaler Synchronizität. Unter Freunden können Sie eine Kettenreaktion des Gähnens auslösen. Dann geht Gähnen viral.

Die italienischen Wissenschaftler stellten ferner fest, dass Gähnhäufigkeit und Gähnrate nach Ansteckung Unterschiede aufweisen. Zwischen Bekannten sind beide geringer als zwischen Freunden, am größten sind sie zwischen Familienmitgliedern. Insofern hängt ansteckendes Gähnen von der sozialen Bindung ab. Interessant ist, dass es bei Psychopathen kein ansteckendes Gähnen gibt. Auch bei Menschen mit Autismus ist es weniger häufig. Umso weniger, je stärker ausgeprägt der Autismus bei ihnen ist.

> Das folgende Experiment wurde in den 1970er-Jahren von einem Psychologen an einer reinen Frauen-Universität in den USA durchgeführt. Um das Phänomen sozialer Ansteckung zu studieren, bat der Dozent die Teilnehmerinnen seines Seminars, Freundinnen auf dem Universitätscampus, die ein rotes Kleidungsstück trugen, ein nettes Kompliment zu machen, aber nicht über ihre Kleidung. Eine gute Woche später gab es auf dem Campus lauter Frauen in Rot. In Nachgesprächen stellte sich heraus, dass sich keine der Frauen der Beeinflussung bewusst war. Viele äußerten aber, dass die allgemeine Stimmung an der Universität angenehmer geworden sei.

Wenn Sie gähnen und jemand gähnt mit, denken Sie also nicht, dass Sie den anderen langweilen. Betrachten Sie es vielmehr als Kompliment dafür, dass Ihnen jemand positive Aufmerksamkeit schenkt und sich Ihnen verbunden fühlt.

Was bewirken Klatsch und Tratsch?

Zu klatschen und zu tratschen bedeutet über Leute zu reden, die nicht anwesend sind. Klatsch und Tratsch haben einen schlechten Ruf, doch wir alle machen es. Untersuchungen haben gezeigt, dass wir im Schnitt sogar etwa eine Stunde täglich damit verbringen. Wenn etwas so eine große Rolle in unserem Leben spielt, muss es einen evolutionären Nutzen haben.

Stimmt. Und nicht nur das. Klatsch und Tratsch haben unseren Vorfahren beim Überleben geholfen. Das zumindest denkt die Evolutionspsychologin Robin Dunbar. Sie vertritt die These, dass diese Art der Unterhaltung dieselbe Funktion erfüllt wie das gegenseitige Lausen bei Menschenaffen. Klatsch und Tratsch wirken wie das Lausen gemeinschaftsbildend. Sie sind der Kitt, der eine Gruppe emotional zusammenwachsen lässt. Um mit jemandem über Dritte zu tratschen, ist eine gewisse Nähe und Vertrautheit Voraussetzung. Diese Vertrautheit nimmt durch den Akt des Tratschens und das darin enthaltene konspirative Element weiter zu.

Klatsch und Tratsch führen also zur Stärkung der Bindung und zu größerer emotionaler Nähe. Sie erzeugen ein Gefühl von Zusammengehörigkeit. Zumal nur etwa 15 Prozent des Geredes tatsächlich negativ ist. Öfter als ums Abfällig-Geringschätzige geht es darum, Meinungen über das Verhalten anderer Menschen abzugleichen. Das kann zunächst als neutral bewertet werden.

Klatsch und Tratsch sind damit auch informativ. Durch den Klatsch wird klar, was in einer Gemeinschaft als normales und was als anrüchiges Verhalten gilt. So werden die Regeln über das Übliche und Abweichende kommuniziert. Das betrifft uns alle. Andere Menschen werden von uns im Klatsch bewertet. Und die Bewertungen Dritter durch unsere Gesprächspartner wirken sich darauf aus, wie wir uns selbst bewerten. Dadurch wird soziale Kontrolle ausgeübt, wenn das mit Klatsch bedachte Verhalten implizit als negativ dargestellt wird. Halten wir uns nicht an die informellen Regeln, können wir selbst das Opfer von *gossip* werden, wie der Tratsch im Englischen heißt.

Das Wort *gossip* kommt vom altenglischen *godsibb,* was sich auf die gefühlsmäßige Nähe und Freundschaft zwischen Männern bezog, war also ursprünglich männlich konnotiert.
Im Deutschen dagegen ist der Ursprung das Wort *klatschen,* was im 16. Jahrhundert dieselbe Bedeutung wie *waschen* hatte. Und natürlich wurde beim Waschen … na, was wohl?

Hätten Sie aber gedacht, dass es messbare körperliche Reaktionen auf Klatsch und Tratsch gibt? Wenn Menschen vom unsozialen, anrüchigen oder ungerechten Verhalten ihrer Mitmenschen erfahren, steigert das unbewusst Blutdruck und Pulsfrequenz. Können sie aber später selbst mit jemandem darüber tratschen, hat das eine wohltuende, beruhigende und lindernde Wirkung.
Außerdem hat Tratsch erwiesenermaßen die Funktion, Dampf abzulassen und Aggressionen gegenüber dem Gesprächssubjekt abzubauen. Auch führt es dazu, dass man sein eigenes Verhalten als passender einschätzt und gegenüber dem Opfer des Tratsches ein Gefühl der Überlegenheit verspürt.
Ferner dienen Klatsch und Tratsch der Informationsverbreitung in gesellschaftlichen Gruppen. Ohne diesen informellen Weg und nur über sachliche Gespräche verbreitet, sähen sowohl der Informationsfluss als auch unsere ganze Gesellschaft heute völlig anders aus. Wenn wir überhaupt bis dato überlebt hätten.
Nicht zuletzt finden die meisten von uns Klatsch interessant, besonders den neuesten Promi-Klatsch. Er kitzelt nachweislich das Belohnungszentrum im Gehirn und hebt insofern die Gesamtstimmungslage.
Kurzum: Klatsch und Tratsch haben zwar keinen allzu guten Ruf, doch wir alle nutzen sie, und das ist gut so. Auf unseren

Körper und unseren Geist haben sie eine positive Wirkung, solange wir nicht in negativer Form selbst im Zentrum des Interesses stehen.

Wie verlässlich sind sportliche Weisheiten?

Jeder Sport hat seine Glaubenssätze, jede Sportart hat ihre Mythen. Diese Mythen haben sich über Jahrzehnte hinweg angesammelt. Im Fußball zum Beispiel gibt es den Ratschlag, der Gefoulte solle den Elfmeter nicht selber schießen. Oder die Ansicht, ein Tor kurz vor der Halbzeit sei wichtiger als ein Tor am Anfang des Spiels.
Beim Langstreckenlauf gibt es das sagenumwobene R*unner's High*. Ein emotionales Hoch, das sich bei manchen Läufern regelmäßig einstellt und das andere ein Leben lang vergeblich herbeisehnen. Es bezeichnet einen Zustand der euphorisierten Schmerzfreiheit, der durch die Ausschüttung von Glückshormonen entsteht. Das Hochgefühl lässt die Langstreckler glauben, sie könnten ewig weiterlaufen.
Beim Basketball wird von der *Heißen Hand* gesprochen, wenn ein Spieler durch mehrere Treffer kurz hintereinander einen Lauf hat, sodass vermeintlich seine Korbchancen in der Folge noch größer werden.
Beim Tennis scheint diese Art von Folklore sogar weiter verbreitet zu sein als bei anderen Sportarten. Zahllose Weisheiten werden von Spielern, Trainern und Zuschauern geglaubt und von Kommentatoren emsig wiederholt. Eine kleine Auswahl:

- Jeder Spieler ist nur so gut wie sein zweiter Aufschlag.
- Es ist günstig, einen Satz mit eigenem Aufschlag zu beginnen.

- Neue Bälle verschaffen dem Aufschlagenden einen zusätzlichen Vorteil.
- Wer in einem Fünf-Satz-Match den vierten Satz gewinnt, hat eine größere Chance, das gesamte Match zu gewinnen.
- Jede verpasste Breakchance in einem Spiel erhöht das Risiko, das nächste Spiel zu verlieren.
- Nach einem gewonnenen Break ist die Wahrscheinlichkeit größer, dass man das nächste Spiel verliert (Rebreak).
- Die wahren Champions spielen ihr bestes Tennis bei den Big Points, den entscheidenden Punkten.
- Das siebte Spiel eines Satzes ist das wichtigste.

Diese Glaubenssätze entstammen einem Fundus aus Intuitionen, Ahnungen und Erfahrungen, die sich um das Spiel ranken. Wie fundiert ist dieses Wissen? Sind die Behauptungen wahr, halb wahr oder vielleicht sogar falsch?

> Wie Sie Ihre Leistungen beim Sport steigern können? Ganz einfach! Sind Sie ein Mann, suchen Sie sich Ihre Zuschauer gut aus. Die sportlichen Leistungen von Männern sind nämlich erwiesenermaßen besser, wenn Personen jenes Geschlechts anwesend sind, das man attraktiv findet. Das ist der Zuschauer-Zuschlag. Bei Sportlerinnen gibt es diesen Effekt nicht.

Nehmen wir einige der Tennis-Glaubenssätze unter die Lupe. In unserer Welt mit ihren vielen verfügbaren Daten haben Wissenschaftler diese Weisheiten einer strengen Analyse unterzogen. Inzwischen liegen die Datensätze von vielen Tausend Profi-Turnieren vor, Punkt für Punkt aufgeschlüsselt. Sie liefern Informationen darüber, wer aufgeschlagen hat und wohin, ob der Aufschlag erfolgreich war, ob der Punkt gemacht wurde, eventuell schon mit dem ersten Aufschlag, möglicherweise mit einem Volley, Slice, Drive oder Ass. Oder ob der Punkt verloren ging und warum, etwa durch Doppelfehler, Netzroller, Spielfehler

oder Platzfehler. Auch wird festgehalten, ob mit neuen Bällen aufgeschlagen wurde oder wie alt die Bälle inzwischen waren.
So wurden einige Millionen Ballwechsel zwischen den Top-Spielern bei den wichtigsten Turnieren der letzten Jahre statistisch untersucht. Die aufbereiteten Daten bilden einen wahren Schatz nützlicher Erkenntnisse über das Spitzentennis.
Man kann an diese qualitativ hochwertigen Informationen viele differenzierte Fragen stellen. Denn wie beim Fußball gilt auch im Tennis: Die Wahrheit ist auf dem Platz. Und das, was auf dem Platz ist, steckt später in den Daten. Allerdings muss der große Datenberg mit den richtigen mathematischen Methoden bearbeitet werden, um den Schatz zu heben. Prüfen wir damit einige unserer Weisheiten und beginnen mit den Aufschlägen.
Starke Spieler, also der Einfachheit halber die in einem Turnier gesetzten Spieler, gewinnen deutlich mehr Punkte mit dem ersten Aufschlag als schwächere, also ungesetzte Spieler. Beim zweiten Aufschlag gibt es in Bezug auf die Punktausbeute dagegen keine Unterschiede. Das bedeutet, ein Spieler ist so stark wie sein erster Aufschlag.
Wer den Losentscheid am Anfang des Matches gewinnt, sollte das Aufschlagrecht wählen. Denn der zuerst aufschlagende Spieler gewinnt den ersten Satz mit 55 Prozent Wahrscheinlichkeit, bei den Frauen sogar mit 57 Prozent. Dieser Effekt beruht auf der Leistung beim allerersten Spiel. Der Aufschlagende gewinnt es mit beachtlichen 88 Prozent, im Damentennis mit 74 Prozent. Das ist in beiden Fällen signifikant höher als die Gewinnwahrscheinlichkeit bei einem normalen Aufschlagspiel später im Match. Für den zuerst Servierenden ist es offensichtlich leichter, sich in das Match einzufinden.
Mythos neue Bälle: Bei den Grand-Slam-Turnieren werden beim Aufwärmen neue Bälle bereitgestellt. Nach dem siebten Spiel werden sie ausgetauscht, anschließend gibt es nach jedem neunten Spiel wieder neue Bälle. Die Daten sprechen eine deutliche Sprache. Neue Bälle liefern dem Aufschlagenden keinen zusätz-

lichen Vorteil. Die Wahrscheinlichkeit für den Punktgewinn hängt nicht vom Alter des Balles ab. Dennoch hat das Alter der Bälle einen erstaunlichen und recht subtilen Einfluss. Was nämlich mit dem Alter des Balles variiert, ist die Art, wie ein Punkt gewonnen wird. Hier gibt es einige gegenläufige Effekte. Auf der positiven Seite für den Servierenden steht eine zunehmende Wahrscheinlichkeit, dass der erste Aufschlag gelingt oder »kommt«, wie es im Tennisjargon heißt. Und die ist mit älteren Bällen größer als mit neuen Bällen. Es liegt daran, dass die Spieler mit älteren Bällen bereits heftigen Ballkontakt hatten und sie dadurch weicher sind, wodurch der Aufschlag leichter zu kontrollieren ist. Infolgedessen werden mit älteren Bällen signifikant mehr Punkte beim ersten Aufschlag gewonnen. Ferner ist auffällig, dass mit alternden Bällen die Wahrscheinlichkeit für einen Doppelfehler beständig abnimmt.

Auf der negativen Seite steht für den Aufschläger der Befund, dass es sich beim zweiten Service genau umgekehrt verhält. Wer den zweiten Aufschlag macht, hat eine geringere Chance auf den Punktgewinn, wenn der Ball schon älter ist. Dieser Nachteil wirkt dem Vorteil älterer Bälle beim ersten Aufschlag entgegen. Was die Effektstärke betrifft, sind beide Effekte statistisch gleich groß und neutralisieren sich. Wird beim Aufschläger nur die Wahrscheinlichkeit des Punktgewinns betrachtet, spielt das Alter der Bälle deshalb weder eine positive noch eine negative Rolle.

Besonders stichhaltig scheinen gefühlte sportliche Weisheiten also nicht zu sein, wenn man sie anhand von Daten überprüft.

Wie findet man aus einem Labyrinth heraus?

Eine der beliebtesten Touristenattraktionen Griechenlands befindet sich auf Kreta. Es handelt sich um den Palast des sagenumwobenen König Minos. Dieser hatte den Meeresgott Poseidon dadurch verärgert, dass er ihm statt eines edlen weißen Stieres nur einen minderen Jungstier opferte. Die Rache des Meeresgottes fiel kraftvoll und ungewöhnlich aus. Die Gattin des Königs wurde mit einem Fluch belegt und verliebte sich unsterblich in den Stier. Das blieb nicht ohne Folgen. Sie gebar den Minotauros, ein Wesen zwischen Mensch und Huftier.

Minos, der eins und eins zusammenzählte, war davon, gelinde gesagt, wenig begeistert und trachtete dem Stiermenschen nach dem Leben. Doch des Königs Tochter Ariadne hatte den Minotauros ins Herz geschlossen. Da Minos wiederum sein Töchterchen abgöttisch liebte, ließ er sich erweichen und wies seinen Baumeister Daidalos an, ein Gefängnis zu bauen. Das hatte die Form eines riesigen verschlungenen Labyrinths, in dessen Mitte der Minotauros sein Dasein fristete.

Der Sage nach verdankt Minotauros der Königstochter dadurch nicht nur sein Leben, sondern später auch seinen Tod. Denn es begab sich, dass ein gewisser Theseus anreiste, der sich sogleich in Ariadne verliebte. Und sie sich in ihn.

Theseus war der Sohn des Königs von Athen und hatte sich eigentlich nach Kreta aufgemacht, um gegen den Minotauros zu kämpfen. Denn dem Ungeheuer wurden jährlich sieben Jünglinge und sieben Jungfrauen geopfert. Theseus missfiel dieser Brauch, er wollte ihm ein Ende setzen. Trotz seiner Liebe zu Ariadne verlor er dieses Ziel nicht aus den Augen.

Da ihn Ariadne nicht von seinem Vorhaben abbringen konnte, rüstete sie ihn schließlich mit einem magischen Schwert und ihrem Ariadnefaden aus. Was ein magisches Schwert ist, kann man sich vorstellen. Auch, dass so eine Waffe ziemlich nützlich ist. Der Ariadnefaden dagegen war nichts weiter als ein großes Wollknäuel, das Theseus auf seinem Weg durchs Labyrinth abwickeln sollte.

Theseus gelang es tatsächlich, in den inneren Bereich des Irrgartens vorzudringen, dort den Minotauros aufzuspüren und zu besiegen. Der Weg zurück ins Freie wäre ihm aber wohl nicht gelungen, hätte ihm nicht der Ariadnefaden geholfen. Das Wollknäuel war eine großartige Idee der Königstochter, um die Rückkehr aus einem Irrgarten zu ermöglichen.

Was aber, wenn man ohne Ariadnefaden im Irrgarten steckt? Was hätte zum Beispiel der Minotauros tun können, um den Weg ins Freie zu finden, wenn er nicht nur groß und stark, sondern auch schlau gewesen wäre?

Fragen wir einen normalen Menschen, wie man am besten aus einem Irrgarten herausfindet, könnte er uns raten, eine Hand an der Wand entlangzuführen und loszumarschieren. Immer mit derselben Hand an derselben Wandseite. So müsste man doch zum Ausgang kommen, sollte man denken. Dieser Ansatz funktioniert zwar manchmal, aber leider nicht immer. Denn ein Labyrinth kann aus verschiedenen größeren Inseln bestehen. Wenn man sich dann auf die eine Hand verlässt, läuft man nur um diese Inseln herum. Etwa so wie der Betrunkene, der mit einer Hand an der Litfaßsäule diese umkreist und in Panik gerät, weil er denkt, er sei eingemauert.

Besser eignet sich das *Prinzip des zufälligen Weges* als Faustregel. Dafür braucht man ein Stück Kreide. Beim Erreichen der ersten Weggabelung oder Kreuzung entscheidet man sich rein zufällig für eine der möglichen Richtungen. Mit der Kreide kann man den gewählten Weg markieren und dann bei Wiedererreichen jeder schon früher betretenen Kreuzung erneut unter jenen Wegen auswählen, die man noch nicht beschritten hat. Dieser Algorithmus funktioniert immer. Es kann aber lange dauern, bis man aus dem Irrgarten herauskommt.

Wenn nun schon mal Kreide zur Verfügung steht, kann man sie

noch geschickter einsetzen. Ein ziemlich ausgefeiltes Rezept geht auf den französischen Hobby-Mathematiker Gaston Tarry (1843 bis 1913) zurück. Heute heißt es *Tarry-Verfahren*. Für dessen Anwendung müssen einige Grundregeln konsequent beachtet werden, sowohl beim Wandern als auch beim Markieren.
Im Labyrinth gewählte Pfade werden immer mit den Worten *Ja* oder *Nein* markiert. Wird ein Gang betreten, schreiben wir an dessen Eingang das Wort *Nein*. In der Folge darf kein mit *Nein* markierter Eingang mehr betreten werden. Gelangen wir an eine Kreuzung, deren Abzweigungen alle unmarkiert sind, markieren wir den Weg, auf dem wir dorthin gelangt sind, mit dem Wort *Ja*. Kommen wir an eine Kreuzung mit markierten Wegen, wählen wir unter den unmarkierten irgendeinen aus. Gibt es an der Kreuzung keinen Gang mehr ohne Markierung, nehmen wir den mit *Ja* markierten. Auch mit diesem Verfahren kommt man von jedem beliebigen inneren Punkt des Irrgartens zum Ausgang.
Was aber, wenn unser Irrgarten gar keinen Ausgang besitzt? Irren wir dann endlos im Irrgarten herum? Nein! Zum Glück wird auch dieser Fall beim Tarry-Verfahren irgendwann offensichtlich. Und zwar in dem Augenblick, in dem wir jede Kreuzung besucht und jeden Gang des Irrgartens zweimal – einmal in jede Richtung – abgelaufen haben. Denn dann stehen wir wieder am Ausgangspunkt.
Im Umkehrschluss wird deutlich, dass man sich mit dieser Vorgehensweise auch von außen in einen Irrgarten hineinwagen kann, um ein beliebiges Ziel darin zu erreichen und anschließend zum Ausgang zurückzukehren.
Eine weitere smarte Methode, die andere Accessoires und andere Fähigkeiten erfordert, geht so. Man flutet das Labyrinth mit Wasser und reitet als Surfer auf der Flutwelle. Dieser Ansatz funktioniert, weil das Wasser immer in Richtung Ausgang strömt. Doch selbst wenn es gelingt, die benötigten Wassermengen zu organisieren, wer surft schon gerne in einem Irrgarten?

Wem das alles zu alltagsfern und gestrig erscheint: Das Problem des effizienten Herumirrens in Irrgärten ist überraschend aktuell. Es stellt sich jeden Tag vielen Menschen in der IT-Branche, etwa bei der Planung optimaler Routings von E-Mails im Netzverkehr.

Warum vergisst man manchmal, was man gerade tun wollte?

Im Englischen heißt er *brain fart*. Etwas zurückhaltend könnten wir das mit *Hirnschluckauf* übersetzen. Ich wette, Sie kennen das Phänomen auch. Sie gehen durch eine Tür in ein anderes Zimmer, um dort etwas zu suchen oder zu holen. Und sobald Sie den Raum betreten, haben Sie vergessen, was Sie dort wollten. Die Erinnerung ist nicht komplett weg, aber für eine Sekunde oder zwei müssen Sie konzentriert nachdenken, bis Ihnen wieder alles einfällt. Es ist, als ob Sie den Denkfaden kurz verloren hätten. In der Regel lässt er sich jedoch wieder aufnehmen.

Neurowissenschaftler und Psychologen haben dieses verbreitete Phänomen untersucht. Ihre Erklärung ist überraschend. Sie machen die Zimmertüren dafür verantwortlich. Sie sind es, die den Mini-Blackout verursachen. Denn Türen sind nicht einfach nur »bewegliche Installationen zum Verschließen einer Öffnung«, wie das Wörterbuch beschreibt. Eine Tür dient nicht nur dazu, einen Raum zu verlassen und/oder einen anderen zu betreten. Nein!

Türen haben eine psychologische Wirkung auf unser Gehirn, das ja bekanntlich unser Tun meist sehr aufmerksam begleitet. Gehen wir durch eine Tür, so wirkt dieses Funktionselement mental wie eine Ereignisbegrenzung. Wie eine Grenze, die die Ereigniskette vor dem Durchgang von dem trennt, was uns nach dem Durchgang erwartet. Türen sind Abschluss und Neubeginn zugleich. Insofern beeinflussen sie die Art der Aufbereitung von Erinnerungen.

Unsere Erlebnispakete sind nämlich unter anderem an räumliche Strukturen gekoppelt. Unser Tun und Empfinden in einem Raum wird als Erinnerungsportion gespeichert, die an den Raum geknüpft ist. Das ist wie der Cut beim Drehen eines Films. Der Schauspieler verlässt die Szene durch die Tür, und der Regisseur ruft: »Schnitt.« Ähnlich ist es bei unserem Regisseur im Kopf, der auch genau da einen Schnitt macht. Gleichzeitig macht er sich bereit für die Szene hinter der Tür. In diesem Sinn wird durch das Passieren der Tür ein Gedanken- und Erlebnisstrang abgeschlossen, ein neuer gleich dahinter aufgemacht. Die eine Szene ist im Kasten, die andere wird gleich gedreht, sprich: von uns erlebt.

Das Ganze wurde von einem Team der US-amerikanischen Universität Notre Dame experimentell bestätigt. Die Forscher ließen 60 Freiwillige aus einem Sammelsurium von Dingen unterschiedliche Objekte auswählen und in eine Kiste auf einem Tisch packen. Dann musste jeder seine Kiste zu einem anderen Tisch tragen. Dort lenkte der Versuchsleiter den Probanden für eine gewisse Zeit mit Rechenaufgaben ab. Anschließend sollte sich jeder Proband daran erinnern, was in seiner Kiste war. Nach unseren Vorüberlegungen werden Sie das Ergebnis nicht mehr ganz überraschend finden. Befand sich der Zieltisch im selben Raum, war die Erinnerung recht gut. Deutlich schlechter wurde sie, wenn sich der Zieltisch im Nebenzimmer befand, wenn also die Versuchspersonen einen Raum verlassen und eine Tür hinter sich schließen mussten.

Hinter dieser Reaktion steckt ein Urzeitmechanismus. Wenn der Höhlenmensch seine Behausung durch den Höhleneingang verließ, war es besser, keine gedanklichen Altlasten aus der Höhle mit auf die Jagd nehmen. Deshalb archivierte sein Gehirn erst einmal die Innenerlebnisse als Erinnerungsportion und schaffte

Raum für das, was draußen nun kommen würde. An diesem Prinzip hat sich nach vielen Tausend Jahren der Evolution nichts geändert. Auch heute noch sortiert unser Gehirn beim Verlassen eines Raumes das Erlebte ein und macht reinen Tisch für das Kommende. Die Türen bilden dabei den Übergangsbereich zwischen Abschluss und Neuanfang.

Offenbar wird der Abschluss dabei von unserem Bewusstsein manchmal zu wörtlich genommen. Natürlich ist aber nicht alles verloren, was wir vor dem Überschreiten der Türschwelle erlebt haben, nur bleibt einiges gewissermaßen draußen vor der Tür. Nicht alle Gedanken werden in den anderen Raum transportiert. Einige sind erst einmal weggespeichert. Manchmal betrifft das sogar den Grund, warum wir überhaupt durch die Tür gegangen sind.

Diese Art der Vergesslichkeit kommt übrigens auch bei jungen Menschen vor, tritt aber mit zunehmendem Alter öfter auf und hält länger an. Das ist kein Grund zur Besorgnis. Dieser Hirnschluckauf ist jedenfalls in der Regel kein frühes Indiz für Demenz, falls Sie das befürchtet haben sollten.

Nutzen Sie den Effekt bewusst und positiv: Verlassen Sie niemals den Raum, wenn es Ihnen wichtig ist, etwas Aktuelles auf keinen Fall zu vergessen. Und haben Sie den Raum verlassen und dabei etwas vergessen, was Sie auf keinen Fall vergessen sollten, kehren Sie zurück und halten inne. Meist wird Ihnen nach kurzer Konzentration alles wieder einfallen.

Wie heißt das gleich noch mal?

»Sag es nicht. Es liegt mir auf der Zunge.« Wer so spricht, der erlebt gerade einen *Zungenspitzen-Moment*. Damit wollen wir uns hier befassen. Und wir präsentieren keine Zungenspitzen-Spitzfindigkeiten, sondern die Ergebnisse seriöser Studien.

Der Effekt beschreibt die Unfähigkeit, einen Begriff aus dem Gedächtnis abzurufen, verbunden mit dem Gefühl, man stehe kurz davor, es doch zu können. Das wirkt sich meist so aus: Wir sprechen, und plötzlich stoppt der Redefluss. Denn wir suchen ein bestimmtes Wort, das wir kennen, von dem wir aber gerade nur bruchstückhaftes Wissen parat haben. Etwa den Anfangsbuchstaben und die Klangmelodie oder wann wir es zuletzt verwendet bzw. gehört haben. Aber in diesem Augenblick, in der aktuellen Wortfolge, in der es zwingend gebraucht wird, ist es plötzlich nicht mehr abrufbar.

Es ist sogar noch komplizierter. Denn wir sind zwar nicht in der Lage, das Wort zu finden, können aber trotzdem falsche Begriffe ausschließen. Wenn uns also jemand versucht zu helfen und einen ungeeigneten Vorschlag macht, wissen wir genau, dass es das Wort nicht ist. Insofern beinhaltet das Setting trotzdem eine Art von Wissen. Nämlich zu wissen, wie der Begriff nicht lautet.

Dieses psycholinguistische Phänomen ist in allen Kulturkreisen bekannt und in allen Sprachräumen mit eigenen Bezeichnungen versehen. Die meisten Sprachen benennen es mit einer Variante der Auf-der-Zunge-liegen-Metapher. Die Koreaner sprechen von *hyeu kkedu-te mam-dol-da*. Bei ihnen *prickelt* es also *am Ende der Zunge*. Die Mitglieder des indigenen nordamerikanischen Volkes der Cheyenne verwenden den Ausdruck *navonotootse'a*, was so viel heißt wie: *Ich habe es auf meiner Zungenspitze verloren*. Sprachen, die nicht auf die Zunge als Ort der Tat verweisen, sind seltene Ausnahmen. Etwa die afrikanische Sprache Suaheli, die das Abrufproblem auf ein *Loch im Kopf (hole katika kichwa)* zurückführt. Der medizinische Ausdruck für diesen Vorgang ist übrigens TOT-*Phänomen,* wobei sich die Abkürzung an einer englischen Redewendung orientiert: *I have it on the tip of the tongue.*

Und was ist mit der Zeichensprache der Taubstummen? Eine gute Frage! Da wird es naheliegenderweise zum TOF-*Phänomen. Tip of the finger.*

Namen von Personen oder Orten sind besonders häufig von der lingualen Ladehemmung betroffen. Die Ursache erklärt das *Bäcker-Becker-Paradox.* Bei einem geistreichen psychologischen Experiment zum menschlichen Erinnerungsvermögen wurde zwei Gruppen von Teilnehmern dasselbe Gesicht einer unbekannten männlichen Person gezeigt. Die erste Gruppe erhielt die Information, dieser Mann heiße Becker. Der zweiten Gruppe wurde mitgeteilt, dieser Mann sei von Beruf Bäcker. Der Gleichklang von Name und Beruf war beabsichtigt. Als der Versuchsleiter später den Gruppenmitgliedern erneut das Bild des Mannes zeigte, erinnerten sich deutlich mehr an seinen Beruf als an seinen Namen, obwohl beides gleich klang.

Die Erklärung der Wissenschaftler war logisch. Ein Eigenname wie Becker teilt nur relativ wenig über eine Person mit und ruft keine weiteren Assoziationen hervor. Anders ist es, wenn wir erfahren, eine Person sei Bäcker. Dann werden viele Bilder und Eindrücke in unserem Kopf mit dieser Information verknüpft. Aufgrund früherer Erfahrungen haben wir eine recht genaue Vorstellung davon, wo und wie die Person arbeitet, mit welchen Maschinen und Zutaten sie hantiert, welche Produkte sie herstellt. All das hilft, die Information *Bäcker* stärker im Gedächtnis zu verankern und leichter wieder abzurufen als die Information *Becker*. Deshalb sind Eigennamen weitaus häufiger vom Erinnerungspech betroffen als andere Begriffe.

Es gibt aber auch gute Nachrichten. In der Hälfte der Fälle haben wir beim TOT-Phänomen das störrische Wort innerhalb weniger Sekunden wieder verfügbar. In den übrigen Fällen kommen wir später noch darauf, wenn wir unsere Gedanken zwar schon mit anderen Dingen beschäftigt haben, unser Unterbewusstsein sich aber gleichzeitig auf die Suche nach dem fehlenden Wort begeben hatte.

Einzigartig an dieser kuriosen Spielart von Vergessen und Erinnern ist das begleitende Gefühl, man sei nah dran und stehe kurz davor, das Gesuchte zu finden. Es scheint, als ob unser Denkapparat das gesuchte Wort bereits gedacht und weitergeschickt hat, nur unser Gedächtnis findet es nicht.

Bildlich gesprochen befindet sich das Wort irgendwo im Informationskanal Richtung Mundhöhle, um dort, wie alle anderen sprachlichen Elemente auch, gebildet zu werden und sie als lautliche Äußerung zu verlassen. Wir meinen, dass nur dieser letzte Schritt nicht gelingt und von der Zunge blockiert wird. Ja, dass die Zungenspitze das Wort gerade so mit dem letzten Zipfel zurückhält.

All das belegt, dass die Vorgänge des Speicherns und Abrufens von Information bei Tip-of-the-tongue-Erlebnissen außerordentlich vertrackt sein können und keinesfalls Alles-oder-nichts-Angelegenheiten sind. Das erwähnte begleitende Gefühl des Fast-und bald-Wissens tritt bei anderen kognitiven Suchvorgängen viel seltener auf.

Das TOT-Phänomen ist übrigens seit Langem bekannt. Wissenschaftlich untersucht wurde es zuerst vom renommierten amerikanischen Philosophen und Psychologen William James im Jahr 1890. Neuere, datengestützte Forschungen gehen bis zum Jahr 1966 und auf die Sozialpsychologen Roger Brown und David McNeill von der Harvard-Universität zurück. Die beiden Forscher haben auch die Häufigkeit des Vorkommens dieses Phänomens untersucht. In der Altersklasse um die 20 Jahre tritt es im Schnitt zweimal pro Woche auf. Bei circa 70-Jährigen kommt es im Normalfall etwa doppelt so häufig vor.

Es ist also durchaus normal, wenn uns ab und zu so etwas passiert, und keinesfalls besorgniserregend. Schon gar nicht handelt es sich um den Vorboten einer nahenden Demenz. Wortfindungsprobleme sind erst dann krankhaft, wenn sie in nahezu jeder sprachlichen Äußerung auftreten und das ständige Umschreiben nicht gefundener Worte nötig machen.

Gegen TOT-Ernstfälle können Sie übrigens aktiv etwas unternehmen. Wenn Sie ein Wort absolut nicht finden können, es aber unbedingt finden wollen oder gar müssen, dann assoziieren Sie Begriffe und Vorstellungen, die Ihnen beim Denken an das im Raum schwebende Wort in den Sinn kommen. Am besten schreiben Sie diese Assoziationen auf, dann werden beim Schreiben und Lesen der Assoziationen weitere Hirnareale aktiviert und an der Suche beteiligt. Dadurch erhöhen Sie die Chancen des enigmatischen Wortes, doch noch von der Zunge zu springen.

Ich hatte meinen letzten TOT-Moment gerade heute früh, als ich mit einem Freund telefonierte. Ich suchte den Titel eines derzeit viel gelobten Films und fand ihn nicht. *Parasite*. Dabei wusste ich, dass der Filmtitel aus einem einzigen englischen Wort mit P bestand, das bei mir mit negativen Assoziationen verbunden ist. Und ich wusste, dass es ähnlich beginnende Worte als mathematische Fachbegriffe gibt, die ich gelegentlich verwende. Es folgte eine Assoziationskette: Partial, Paradoxie, Parameter, Bakterium, Parasit. Parasite. Geschafft!

Was sagt ein kräftiger Händedruck aus?

In einer wissenschaftlichen Zeitschrift für Kinder- und Jugendmedizin haben Forscher der Universität Michigan einen Artikel darüber veröffentlicht, dass bereits bei Vier- und Fünfjährigen die Griffstärke beim Händedruck stark unterschiedlich ist. An sich ist das nicht weiter erstaunlich. Muskeln sind bei Menschen verschieden kräftig ausgebildet. Das gilt auch für jene Muskeln, die beim Zugreifen und beim Händedruck aktiv werden.

Was die Forscher in Erstaunen versetzte, war die Tatsache, dass sich bei den Kindern mit schwachem Händedruck der Gesundheitszustand über die nächsten zwei Jahre in der Regel verschlechterte. Laut Paul Gordon, einem der Studienleiter, hängt die kindliche Griffkraft statistisch mit der Wahrscheinlichkeit zusammen, später an Diabetes oder Herz-Kreislauf-Problemen zu erkranken. Auch die frühkindliche Gehirnentwicklung ist mit der Hand- und Fingermotorik sehr eng verknüpft.

Kindliche Finger sind etwas Filigranes und von beeindruckender Sensibilität. Zwischen Daumen und Zeigefinger können Dinge erfühlt werden, die einen Durchmesser von nur 14 Nanometern haben. Zum Vergleich: Hätte die Kinderhand die Größe der Erde, könnte sie durch Fühlen mit den Fingern gut zwischen einem Einfamilienhaus und einer Hundehütte unterscheiden.

Florian Heinen, Experte für kindliche Entwicklung und Motorik an der Ludwig-Maximilians-Universität München, meint, es sei ebenso clever wie simpel, die Leistung der menschlichen Hände als Indikator für das Gesamtbefinden des Organismus zu betrachten.

Bei der eingangs erwähnten amerikanischen Studie haben die Forscher bei rund 500 Kindern über mehrere Jahre hinweg die Stärke des Händedrucks mit allgemeinen Gesundheitsdaten und Laborwerten abgeglichen. Bei mehr als einem Viertel der Jungen und einem Fünftel der Mädchen mit auffallend schwachem Händedruck verschlechterte sich der Gesundheitszustand in den nächsten beiden Jahren. Das ist statistisch hoch signifikant. Fazit: Man hat zwar nicht alles im Griff, aber mehr als gedacht.

Eine kleine Begebenheit aus dem Leben der beiden Klitschko-Brüder, zweier Ex-Boxweltmeister im Superschwergewicht. Beides Menschen mit gewaltiger Kraft also. Die beiden fulminanten Faustkämpfer sind nebenbei auch noch leidenschaftliche Schachspieler.
Ich hatte die Gelegenheit und die Freude, mich mit ihnen als Botschafter der Schacholympiade Dresden 2008 für die Popularisierung des Schachspiels einzusetzen. Mir fiel damals auf, dass die Klitschko-Brüder beim Händeschütteln nicht die ganze Hand reichten, sondern nur einen Finger. Es dauerte ein bisschen, bis mir der Grund klar wurde. Beim Händeschütteln hatten sie in der Vergangenheit wohl unbewusst und ungewollt bisweilen so heftig zugedrückt, dass sie ihrem Gegenüber wehtaten. Um das zu vermeiden und Gefahren ihrer Griffkraft im Griff zu behalten, reichten sie fortan nur mehr einen Finger.

Was genau bringt es, mit dem Rauchen aufzuhören?

»Wenn ich den Rat meines Arztes befolgt hätte, das Rauchen aufzugeben, als er mir den gab, hätte ich nicht lange genug gelebt, um an seiner Beerdigung teilzunehmen«, sagte der legendäre amerikanische Komiker George Burns kurz vor seinem 100. Geburtstag. Kurz nach diesem denkwürdigen Datum veröffentlichte er ein Buch mit einem Titel, der immer noch mein Lieblingstitel unter allen Autobiografien ist: *Meine ersten 100 Jahre.* Auch im dreistelligen Alter war Burns starker Raucher.

Eine Zigarre auf den Lippen war sein Markenzeichen, auch auf der Bühne. Er starb allerdings noch im selben Jahr 1996.
George Burns in den USA und Helmut Schmidt bei uns werden von Rauchern gern als Beispiel dafür angeführt, dass das Rauchen nicht so schlimm sein kann. Ist es aber doch!
An den Folgen des Tabakkonsums sterben jedes Jahr mehr als 120 000 Menschen in Deutschland. 14 Prozent aller Todesfälle sind ursächlich mit dem Rauchen verbunden. Nicht weniger als vier von fünf Todesfällen durch Lungenkrebs sind auf den Tabakgenuss zurückzuführen. Umgekehrt betrachtet wird jeder zweite gewohnheitsmäßige Raucher an den Folgen seines Rauchens sterben. Ein statistisches Indiz dafür ist, dass sich in den Altersklassen über 70 nur wenige Raucher finden, allen Helmut Schmidts dieser Welt zum Trotz. Schließlich büßen sie durch ihre Gewohnheit durchschnittlich zehn Lebensjahre ein, sagt das *Deutsche Ärzteblatt*.
Für Raucher ist es meist nicht leicht, dem Rest der Menschheit plausibel zu machen, warum sie tagtäglich mit brennbarem Kraut gefüllte Papierstäbchen in Brand setzen und sich zum Saugen in den Mund schieben. Doch wissenschaftlich gilt seit Langem eines als gesichert. Wer einmal angefangen hat, kann nur schwer wieder aufhören. Nikotin macht schnell sehr süchtig.
Der Fagerström-Test ist ein Instrument zur Untersuchung der Stärke der Abhängigkeit. Er besteht aus sechs Fragen. Die erste lautet: »Wann nach dem Aufwachen rauchen Sie Ihre erste Zigarette?«
Eine Studie hat gezeigt, dass Raucher, die sich in der ersten halben Stunde nach dem Aufwachen ihre erste Zigarette anzünden, ein fast doppelt so hohes Risiko für Lungenkrebs haben. Und zwar im Vergleich mit einer Kontrollgruppe, die auch aus Rauchern bestand, die aber nach dem Aufstehen und vor ihrer ersten Zigarette des Tages mehr als dreißig Minuten Zeit verstreichen lassen. Die Studie umfasste rund 8000 Raucher, unter denen sich 5000 Lungenkrebsfälle befanden. Die Zigarette danach,

und zwar die erste nach dem Aufwachen und wann sie kommt, sagt so einiges aus.
Aus alldem ergibt sich fast zwingend der an Raucher gerichtete, gut gemeinte Rat: Lassen Sie, wenn irgend möglich, eine der nächsten Zigaretten Ihre letzte sein. Wenn Sie keinen solch radikalen Schnitt machen können, dann bereiten Sie den Ausstieg vor. In fünf Schritten.

1. Steigen Sie um auf eine Marke, die Ihnen nicht schmeckt.
2. Rauchen Sie die Zigarette nur noch zur Hälfte.
3. Verlängern Sie die Zeitspanne zwischen zwei Zigaretten langsam, aber beständig.
4. Trinken Sie für jede zweite Zigarette stattdessen ein Glas Wasser.
5. Rauchen Sie nur noch im Freien.

Früher oder später gelangen Sie so zur letzten Zigarette. Mit ihr ändert sich sofort einiges zum Besseren.

- Nach einer Viertelstunde gleichen sich Blutdruck und Puls Normalwerten an.
- Nach drei Tagen haben Sie mehr Energie und Ausdauer.
- Nach sieben Wochen hat sich Ihre Durchblutung messbar verbessert.
- Nach sechs Monaten ist Ihre Rauchlust stark abgeklungen.
- Nach eineinhalb Jahren hat sich Ihr Herzinfarktrisiko auf die Hälfte reduziert.
- Nach sieben Jahren hat sich Ihr Lungenkrebsrisiko halbiert.
- Nach einem Jahrzehnt entspricht Ihr Schlaganfallrisiko dem eines Nie-Rauchers.

Was bringt das an Lebenszeit? Viel! Eine genauere Antwort auf diese Frage liefert eine umfangreiche Studie, an der 490 000 Menschen aus Nordamerika und vielen europäischen Ländern teilnahmen und von denen die meisten mehr als zehn Jahre wissenschaftlich begleitet wurden. Es handelte sich um Raucher, Nie-Raucher und Ex-Raucher. Etwa 99000 Menschen starben im Verlauf der Studie. Die Ergebnisse sind eindeutig. Ex-Raucher sterben im Schnitt um 2,6 Jahre früher als Nie-Raucher. Wer nach dem 60. Lebensjahr bei der Zigarette bleibt, verliert durchschnittlich sogar 6,7 Jahre.

Statistisch gesehen bringt also ein Rauchstopp in jedem Alter Vorteile für die Lebenserwartung. Rauchfrei sind Sie sozusagen länger live dabei.

Was weiß man, wenn man nichts weiß?

Mit unserem Wissen ist das so eine Sache. An den Fragen, was Wissen ist und welche Arten des Wissens es gibt, haben sich schon viele Denker versucht. Und auch Politiker. Wie zum Beispiel Donald Rumsfeld.

Auf einer Pressekonferenz am 12. Februar 2002 gab der damalige US-amerikanische Verteidigungsminister zu Protokoll: »Wie wir wissen, gibt es Dinge, von denen wir wissen, dass wir sie wissen. Wir wissen auch, dass es Dinge gibt, die wir nicht wissen. Aber es gibt auch Dinge, von denen wir nicht wissen, dass wir sie nicht wissen.« So weit Donald Rumsfeld, der mit diesen Sätzen die Frage eines Journalisten nach Atomwaffen im Irak beantwortete. Für seine Einlassung wurde Rumsfeld übrigens von einer britischen Organisation von Sprachwissenschaftlern mit dem Preis für die unsinnigste Aussage des Jahres 2002 ausgezeichnet. Ich möchte da widersprechen, denn Rumsfelds Einlassung über die Kategorien des Wissens ist alles andere als unsinnig. Vielmehr mutet sie fast philosophisch an und könnte durchaus in einem Büchlein mit Zen-Reminiszenzen erscheinen.

Allerdings muss Rumsfelds Aufzählung um eine besondere Wissenskategorie erweitert werden. Um das Null-Wissen oder *Zero-Knowledge*. Dabei handelt es sich um Wissen, von dem wir ganz sicher sind, dass es ein anderer besitzt, weil er uns das bewiesen hat. Wir wissen aber trotz seines Beweises nicht, um welches Wissen es sich handelt. Sie denken, das gibt es nicht? Doch! Schauen wir uns das genauer an. Die Grundsituation ist die, dass jemand etwas weiß. Er will uns von seinem Wissen überzeugen. Das könnte er dadurch tun, dass er uns sein Wissen mitteilt. Dann aber besitzen wir auch dieses Wissen. Genau das möchte unser Gegenüber vermeiden. Er möchte der Einzige im Besitz des Wissensschatzes bleiben. Trotzdem möchte er, dass wir erfahren, dass er diesen Schatz hat. Für ihn gilt es also, eine Methode zu finden, die uns beweist, dass er sein Wissen besitzt, aber so, dass er uns bei diesem Beweis keine Details über ebendieses Wissen offenbart. Das hört sich sehr schwierig an. Lange Zeit galten solche Verfahren sogar als unmöglich, die zwar einen Wissensbeweis erbringen, aber gleichzeitig kein Wissen transportieren.

Bis die *Zero-Knowledge-Verfahren* entdeckt wurden. Diese Verfahren werden in der modernen digitalisierten Welt immer wichtiger. Sie basieren, wie könnte es anders sein, auf Mathematik. Sie hat die Gabe, unmöglich Erscheinendes möglich zu machen. Wie also können wir mit Mathematik jemanden davon überzeugen, dass wir im Besitz einer vertraulichen Information sind, ohne dem anderen diese Information mitteilen zu müssen? Das Problem stellt sich zum Beispiel bei Authentifizierungen, wenn es also darum geht, einen Identitätsbeweis anzutreten, indem wir die Kenntnis eines geheimen Passwortes demonstrieren, ohne dem Gegenüber dieses Passwort zu nennen. Damit wird verhindert, dass dieser Mensch in Zukunft mit unserer Identität auftreten kann. Diese Verfahren erfordern den Transport von dem, was wir oben als Null-Wissen bezeichnet haben. Über den Beweis der eigenen Kenntnis des Passwortes hinaus

dürfen keine weiteren Auskünfte über das Passwort an die andere Person übermittelt werden. Solche Verfahren beweisen etwas. Aber völlig frei schwebend, im luftleeren Raum.
Sehen wir uns als Beispiel ein trickreiches Zero-Knowledge-Verfahren für eine ganz alltägliche Angelegenheit an. Ein Vater möchte seine Tochter davon überzeugen, dass er die richtige Lösung für ein schwieriges Sudoku gefunden hat, an dem beide in einem Vater-Tochter-Wettstreit herumknobeln. Er will ihr aber nicht die Lösung verraten, denn sie soll weiterknobeln. Kann der Vater beweisen, dass er die Lösung hat, ohne auch nur das kleinste Detail über den Weg dorthin offenbaren zu müssen? Sie werden vielleicht zugeben, dass das nicht leicht ist. Versuchen Sie, sich in die Lage des Vaters zu versetzen. Wie würden Sie vorgehen?
Nun, auch dafür lässt sich der Zufall nutzen. Eine wohldosierte Portion Zufall wird in den Kontext eingebracht. Mathematiker nennen das Randomisierung, Verzufallung.
Sudoku besteht bekanntlich aus einem Zahlengitter mit 9x9 Zellen, bei dem einige Zahlen vorgegeben sind. Die anderen Zellen im Gitter müssen so ausgefüllt werden, dass in jeder Zeile, in jeder Spalte und in jedem der neun Quadrate des Gitters mit 3x3 Zellen alle Zahlen von 1 bis 9 enthalten sind, jede Zahl genau ein Mal.
Okay, zurück zum Vater-Tochter-Wettstreit. Um den Zero-Knowledge-Beweis der gefundenen Lösung für seine Tochter zu führen, muss der Vater ein wenig Aufwand betreiben. Er schneidet sich

9 x 9 = 81

kleine Zettel zurecht, um die Gitterzellen des Sudokus damit abdecken zu können. Auf der nicht sichtbaren Unterseite jedes Zettels hat er seine Lösung für die durch den Zettel abgedeckte Zelle notiert. Auf der sichtbaren Oberseite sind die Zettel fortlaufend von 1 bis 81 durchnummeriert, je nach ihrer Position im Zahlengitter. Die Tochter sieht also folgendes Bild vor sich:

1	2	3	4	5	6	7	8	9
10	11	12	13	14	15	16	17	18
19	20	21	22	23	24	25	26	27
28	29	30	31	32	33	34	35	36
37	38	39	40	41	42	43	44	45
46	47	48	49	50	51	52	53	54
55	56	57	58	59	60	61	62	63
64	65	66	67	68	69	70	71	72
73	74	75	76	77	78	79	80	81

Nun ist die Tochter dran. Als Erstes geht es um die im Sudoku vorab eingetragenen Zahlen. Die Tochter bittet den Vater, alle Zettel kurz umzudrehen, die auf vorab gefüllten Feldern liegen. So kann sie prüfen, ob auf deren Unterseite die jeweils vorgegebene Zahl notiert ist und die Lösung des Vaters diese Vorgaben beachtet.

Als Zweites nimmt nun der Vater alle neun Zettel der ersten Sudoku-Reihe, steckt sie in einen Beutel, mischt gut durch und legt sie mit seinen Zahlen – in willkürlicher Anordnung – nach oben hin. So sieht die Tochter, dass in der väterlichen Lösung alle Zahlen von 1 bis 9 in dieser ersten Sudoku-Reihe ein Mal verwendet werden, ohne dass sie deren richtige Position kennt. Sie erfährt nur, dass die Sudoku-Anforderung, alle Zahlen von 1 bis 9 zu verwenden, in dieser Reihe erfüllt wurde. Die Tochter hat also nichts über die Lösung gelernt. Dann legt der Vater die Zettel der ersten Reihe wieder an ihre Plätze zurück, mit der Nummerierung nach oben.

Dasselbe Schema wie bei der ersten Reihe wiederholt sich nun für die folgenden acht Reihen des Sudokus, dann für jede der neun Spalten und schließlich für jedes der neun 3x3-Teilquadrate des Gitters. Immer werden nach der Überprüfung einer

Zeile, einer Spalte oder eines Teilquadrats die im Beutel vermischten Zettel wieder an ihre Ausgangspositionen zurückgelegt.

Sind die beiden damit fertig, weiß die Tochter, dass die Lösung ihres Vaters richtig ist. Aber sie hat kein Detail der Lösung erfahren. Voilà, da haben wir es: Kein Wissen ist durch den Vorgang auf die Tochter übergegangen. Null. Zero-knowledge. Faszinierend, oder?

Warum dauert das eigentlich so lange?

Als Antwort auf die Frage kann ich mitteilen: Dafür gibt es eine mathematische Erklärung. Angenommen, zur Fertigstellung eines Projekts muss man fünf Arbeitsschritte erledigen, die gleichzeitig begonnen werden. Das Projekt ist erst dann abgeschlossen, wenn alle fünf Einzelschritte beendet sind. Angenommen, für jeden Einzelschritt ist die Wahrscheinlichkeit

$$W1 = ½$$

dass er nicht mehr als eine Stunde in Anspruch nimmt. Also 50 Prozent. Dann ist die Wahrscheinlichkeit dafür, dass das ganze Projekt in einer Stunde fertig ist, nicht etwa auch 50 Prozent. Vielmehr beträgt diese Wahrscheinlichkeit

$$W2 = ½ \text{ x } ½ \text{ x } ½ \text{ x } ½ \text{ x } ½ = 0{,}03 = 3 \text{ Prozent}$$

Bei jedem Einzelschritt können nämlich Verzögerungen eintreten. Und jede Verzögerung schlägt auf die Fertigstellung des Ganzen voll durch.

Wenn also jeder Einzelschritt mit einer Wahrscheinlichkeit von 50 Prozent entweder – sagen wir mal – nach einer halben Stunde

oder nach anderthalb Stunden fertig ist, dann wird mit der oben berechneten 3-prozentigen Chance das Ganze in einer halben Stunde fertig sein. Mit der Gegenwahrscheinlichkeit von 97 Prozent wird aber mindestens ein Einzelschritt anderthalb Stunden benötigen, und dann auch das Gesamtprojekt so viel Zeit erfordern. Das ist der *Tausendfüßer-Effekt*.
Ein Tausendfüßer ist nur so schnell wie sein langsamster Fuß. Damit haben wir eine Erklärung für die zeitliche Variante von *Murphys Gesetz*, warum alles immer viel länger dauert, als man denkt. Jetzt wissen wir's.

Wie berechnet man die Zukunft?

Wie lange wird etwas in Zukunft noch andauern, das bis zum jetzigen Zeitpunkt beispielsweise acht Jahre gedauert hat? Ich kann Sie förmlich denken sehen: »Ja, was hat denn da bislang acht Jahre gedauert?«
Sie haben recht. Die Frage ist unpräzise. Allerdings mit Absicht. Ganz bedacht habe ich eine im Unbestimmten bleibende Frage aufgeworfen, weil es scheinbar unmöglich ist, darauf eine Antwort zu geben.
Selbst wenn Sie wüssten, was dieses Etwas ist, müssten Sie zur Beantwortung in die Zukunft schauen. Sie aber befinden sich in der verschärften Lage eines Prognostikers, der erst noch prognostizieren muss, was er prognostizieren soll. Eine sinnvolle Antwort erscheint in der Rolle des Doppel-Propheten doppelt unmöglich. Weil Sie nicht wissen, um was es bei Ihrer Prophezeiung geht. Das ist im Prinzip richtig. Dennoch lässt sich eine seriöse statistische Antwort geben.
Die statistisch beste Schätzung für die Zeit, die etwas noch andauern wird, wenn man gar nichts weiß, ist die Zeit, die es bisher

schon angedauert hat. Das sind in diesem Fall acht Jahre. Statistiker nennen das eine Punktschätzung. Sie nimmt eine einzige Zahl als Schätzwert.
Wir können aber auch einen ganzen Bereich für die Schätzung angeben, zum Beispiel von jetzt bis zu einem zukünftigen Zeitpunkt T. Mehr noch: Selbst in diesem Null-Informations-Setting können wir an den Zeitbereich eine Prozentzahl heften. Sie soll ausdrücken, wie sicher wir uns sind, dass das Etwas nicht länger andauert als bis zu diesem Zeitpunkt T.
Wie man das macht, zeigt ein Beispiel. Offenbar können wir zu 50 Prozent sicher sein, dass wir uns aktuell in den letzten 50 Prozent der Gesamtdauer des erwähnten unbekannten Vorgangs befinden, also in der letzten Hälfte.
Entsprechend befinden wir uns mit sogar 75-prozentiger Sicherheit in den letzten 75 Prozent von dessen Gesamtdauer, also in den letzten drei Vierteln. Das bedeutet: Irgendwo in diesen drei letzten Vierteln liegt der gegenwärtige Zeitpunkt T(jetzt), an dem ich die Frage nach dem Wie-lange-noch gestellt habe. Es ist 75 Prozent sicher, dass T(jetzt) in diesem Bereich liegt.
Damit sind wir immerhin ein Stück weitergekommen. Befände sich zudem die Gegenwart T(jetzt) am linken Rand des genannten 75-Prozent-Bereichs, dann wäre die Zukunft des Vorgangs relativ zu seiner Vergangenheit am längsten. Sie wäre in diesem Extremfall dreimal so lang. Da seine Vergangenheit bisher acht Jahre dauerte, wird die Zukunft mit 75-prozentiger Sicherheit nicht länger als

3 x 8 = 24 Jahre

betragen. Nennen wir das die 3er-Regel.
Hoppla! Schon ist es keine Allerweltsaussage mehr! Quasi aus dem Nichts sind wir allein mit gesundem Menschenverstand und ein bisschen Statistik zu einem beachtlichen Ergebnis gekommen. Vielleicht finden Sie es noch beachtlicher, wenn ich

Ihnen sage, dass Gott vor ein paar Jahrzehnten zum selben Schluss gekommen ist.

Damit meine ich jetzt nicht GOTT, den biblischen Schöpfer des Himmels und der Erde, sondern den US-amerikanischen Mathematiker und Physiker Richard J. Gott. Der kam 1969 für eine wissenschaftliche Konferenz nach Berlin. An einem freien Tag besuchte er die Berliner Mauer, die 1961 gebaut worden war und an jenem Tag acht Jahre stand. Als er auf die Mauer blickte, fragte er sich, wie lange es sie wohl noch geben werde. Damit sind wir bei unserer Einstiegsfrage: Wie lange noch?

Statt den Verlauf komplizierter politischer Entwicklungen zu prognostizieren, ging Richard Gott die Frage mit einer statistischen Überlegung an. Da sein Besuch in Berlin der Konferenz galt, konnte er seinen Besuchszeitpunkt an der Mauer statistisch als rein zufällig in Bezug auf die Gesamtexistenz der Mauer auffassen. Der Zeitpunkt hätte also entlang der ganzen Existenzphase der Mauer mit derselben Wahrscheinlichkeit irgendwo anders liegen können.

Mit dieser Annahme konnte Gott den oben skizzierten Gedankengang auf seinen Besuchszeitpunkt T(jetzt) anwenden. Die Mauer würde demnach mit 75-prozentiger Sicherheit höchstens noch 24 Jahre fortbestehen, also maximal bis 1993. Keine schlechte Schätzung. Denn die Mauer fiel im November 1989.

Um Richard J. Gott als Urheber dieses Statistikwerkzeugs gebührend zu würdigen, nennen wir die Logik, auf der es beruht, das *Prinzip von Gott*. Es dient dazu, die erwartete Rest-Lebensdauer von Dingen oder Vorgängen abzuschätzen, wenn keinerlei sonstige Anhaltspunkte oder Informationen vorliegen. Dabei kann es sich um ein Gerät, einen Trend oder eben eine Mauer handeln. Das Einzige, was man braucht, ist ein zufälliger Zeitpunkt, der ganz beliebig entlang der Gesamtexistenzdauer des Vorgangs platziert ist. Im obigen Gedankengang handelte es sich um den rein zufälligen Zeitpunkt des Mauerbesuchs durch einen amerikanischen Tagungsteilnehmer.

Doch beschäftigen wir uns lieber mit einem Problem, das Sie persönlich betrifft. Ich dachte da an Ihre gegenwärtige Beziehung. Wenn Ihre Beziehung aktuell acht Jahre dauert, dann ist es nach Gotts Prinzip zu 75 Prozent wahrscheinlich, dass sie in 24 Jahren nicht mehr bestehen wird. Anders ausgedrückt: Sie werden nur mit 25-prozentiger Wahrscheinlichkeit auch in 24 Jahren noch mit Ihrem jetzigen Partner zusammen sein. Jedenfalls dann, wenn Gotts Prinzip in Ihrem Fall gültig ist. Dazu darf der jetzige Zeitpunkt, da Sie das hier gerade lesen, nichts mit Ihrer Partnerschaft zu tun haben, sodass er bezüglich der Gesamtdauer der Partnerschaft als rein zufällig betrachtet werden kann.

Ich würde diese Annahme als plausibel ansehen. Es sind allerdings auch Szenarien denkbar, in denen die Annahme nicht angemessen wäre. Etwa dann, wenn Ihre Partnerschaft gerade erst begonnen hat und Ihr Partner über dieses wunderbare Ereignis so glücklich ist, dass er Ihnen mein Buch geschenkt hat. Mit der Maßgabe, Sie sollten darin etwas über das Prinzip von Gott lesen, weil es auf Partnerschaften bezogen werden kann. Dann hätte Ihre Lektüre tatsächlich etwas mit Ihrer Partnerschaft zu tun, und Gotts Methode wäre nicht anwendbar.

War Ihnen das zu persönlich und bevorzugen Sie eher andere Paare für die Durchführung solch heikler Abschätzungen, dann können wir zwecks Veranschaulichung vielleicht auf eines der derzeit bekanntesten Paare auf dem Planeten zurückgreifen. Prinz Harry und Herzogin Meghan begannen ihre Beziehung im Juni 2016, also vor knapp fünf Jahren. Nach der 3er-Regel kann man zu 75 Prozent sicher sein, dass ihre Beziehung im Jahr 2036 nicht mehr bestehen wird.

Gotts Prinzip kann auch noch anders eingesetzt werden, als wir es bisher getan haben. Die statistische Sicherheit, mit der die Aussage behaftet ist, muss nicht bei 75 Prozent liegen, sondern kann jeder andere Prozentwert sein. Entsprechend ändert sich natürlich die Länge des Zeitbereichs. Auch kann der Zeitbereich anders platziert werden, als es bei der Berliner Mauer der Fall war.

Um das zu verdeutlichen, wollen wir in einen neuen Gedankengang einsteigen.
Es geht um eine Ministerpräsidentin. Angenommen, die Chefin eines Bundeslandes ist aktuell 260 Tage im Amt. Wenn wir bisher nur die ersten fünf Prozent der gesamten Amtsdauer mitbekommen haben, dann liegen 95 Prozent ihrer Amtszeit noch vor ihr. Damit wird sie also noch 19 Mal so lange im Amt sein, wie sie es bisher war. Das wären zusätzliche

19 x 260 = 4940 Tage

Wenn wir die ersten 10 Prozent der gesamten Amtsdauer erlebt haben, dann liegen entsprechend noch

9 x 260 = 2340 Tage

vor ihr. Haben wir dagegen schon 90 Prozent ihrer ganzen Amtszeit erlebt, dann hätte sie neun Zehntel der gesamten Amtszeit hinter sich, und nur noch ein Zehntel läge vor ihr. Die Zukunft wäre dann hinsichtlich Länge nur ein Neuntel der Vergangenheit. Das wären nur noch 260/9 = 29 Tage.
Zwischen der 10-Prozent-Marke und der 90-Prozent-Marke liegt offensichtlich ein Bereich von genau

90 – 10 = 80 Prozent

Das wiederum bedeutet, wir können zu 80 Prozent sicher sein, dass die Ministerpräsidentin mindestens noch 29 Tage, aber nicht mehr als 2340 Tage im Amt sein wird.
Statistiker sprechen in diesem Zusammenhang von einem 80-prozentigen Vertrauensintervall. Der Bereich, auf den sich das Intervall bezieht, enthält mit 80 Prozent Wahrscheinlichkeit das Ende des betrachteten Vorgangs. Was in diesem Fall der letzte Tag der Amtszeit der Ministerpräsidentin ist.

Analog lassen sich auch andere Sicherheiten wählen. Wenn man etwas rein zufällig beobachtet, wird dessen Zukunft mit einer Wahrscheinlichkeit von 50 Prozent noch zwischen einem Drittel und drei Mal so lang sein wie die bisherige Vergangenheit.

Streben Sie eine größere Sicherheit an? Nun, mit 95-prozentiger Wahrscheinlichkeit wird die Zukunft zwischen einem Neununddreißigstel und 39 Mal so lang sein wie die Vergangenheit bis zum zufälligen Zeitpunkt T(jetzt). Das ist die 39er-Regel.

Bedenkt man, dass diese Aussagen quasi aus dem Nichts und allein mit etwas gesundem Menschenverstand und Statistik gewonnen wurden, handelt es sich um ziemlich spektakuläre Statements.

Was die Überlegungen zur Amtszeit der Ministerpräsidentin betrifft, habe ich diese im Januar 2021 geschrieben. Gotts Prinzip ist mir aber schon viel früher über den Weg gelaufen. Es war genau am 26. April 2012, als ich es erstmals auf die Amtszeit einer Ministerpräsidentin angewendet habe.

Diese Ministerpräsidentin war damals Annegret Kramp-Karrenbauer. Am besagten 26.04.2012 war sie genau 260 Tage im Amt. Der zufällige Zeitpunkt T(jetzt) war also der damalige Tag im April. Damals konnte ich die Aussage machen, dass Frau Kramp-Karrenbauer mit 80-prozentiger Sicherheit noch zwischen 29 und 2340 Tagen im Amt sein würde. Damit würde ihre Amtszeit irgendwann zwischen dem 25.05.2012 und dem 22.09.2018 enden. Damals lag dieses Zeitintervall vollständig in der Zukunft, und diese Zukunft war offen. Von heute aus betrachtet, liegt es vollständig in der Vergangenheit. Wir können deshalb überprüfen, ob die Aussage richtig war. Sie war es, denn mit Wirkung vom 28.02.2018 trat Annegret Kramp-Karrenbauer als Ministerpräsidentin zurück.

Und was wäre, wenn es sich bei der Ministerpräsidentin um Hannelore Kraft gehandelt hätte? Sie war am 26.04.2012 bereits 652 Tage Chefin von NRW. Mit 80-prozentiger Wahrscheinlichkeit würde sie noch zwischen

652 : 9 = 73 Tagen und
652 x 9 = 5868 Tagen

im Amt bleiben. Ihre Amtszeit würde also mit 80 Prozent Wahrscheinlichkeit zwischen dem 08.07.2012 und dem 20.05.2028 enden. Was geschah? Die Amtszeit von Hannelore Kraft endete am 27.06.2017.

Generell ist es natürlich so, dass 80-prozentige Vertrauensintervalle, wenn man sehr viele davon für sehr viele verschiedene Situationen konstruiert, nur in etwa 80 Prozent der Fälle eine in der Realität zutreffende Aussage machen.

Um das zu testen, habe ich 2012 für alle Chefs der 16 Bundesländer 80-prozentige Vertrauensintervalle berechnet (Tabelle 2, Seite 180/181).

In 14 der 16 Fälle kann man im Januar 2021 definitiv sagen, ob die 80-Prozent-Aussage zutraf oder nicht zutraf. Allein bei Volker Bouffier und Reiner Haseloff ist die Entscheidung noch offen. Bei den anderen 14 Ministerpräsidenten wären drei Fehler (20 Prozent von 16) zu erwarten. Und tatsächlich, bei Winfried Kretschmann, Kurt Beck und Peter Harry Carstensen lagen wir falsch.

Das ist eine sensationell gute Übereinstimmung zwischen der Realität und dem Prinzip von Gott, der Theorie der Vertrauensintervalle sowie deren Anwendung auf die Länge der Amtszeiten von Ministerpräsidenten in deutschen Bundesländern. Man kann also ganz ohne Sachkunde oder Berücksichtigung tagespolitischer Entwicklungen statistisch Fundiertes und Brauchbares über ihre Amtszeiten sagen.

Richard J. Gott hat diese Schätzmethode am 27. Mai 1993 auf alle 313 Regierungschefs und Staatspräsidenten der Staaten dieser Welt angewendet. Mit der 39er-Regel berechnete er jeweils 95-prozentige Vertrauensintervalle für deren weitere Amtszeiten. Alle 313 Fälle sind inzwischen entschieden. In 296 der 313 Einzelfälle sagte das 95-Prozent-Intervall die Länge der weiteren

Amtszeit richtig voraus. Das ist ein Prozentsatz von 94,6 Prozent. Wieder eine phänomenale Übereinstimmung zwischen Theorie und Praxis! Diese Ergebnisse können als beachtlicher Erfolg für Gotts Schätzmethode gewertet werden.

Richard Gott hat sein Prinzip auch noch anderen Zwecken dienstbar gemacht. Am 27.05.1993 sah er in einer Zeitschrift eine Liste aller Theaterstücke und Musicals, die gerade am und um den Broadway in New York gespielt wurden. Es handelte sich um genau 44 Produktionen. Anschließend rief er in jedem Theater und Schauspielhaus an und erkundigte sich, wann das Stück Premiere gehabt hatte, wie lange es also am 27.05.1993 schon lief. Aus dieser Information errechnete er mit seiner Methode ein 95-prozentiges Vertrauensintervall für den Zeitpunkt der letzten Aufführung des Stückes im jeweiligen Theater oder Schauspielhaus. Bei allen 44 Stücken fiel der letzte Vorhang irgendwann im berechneten Zeitintervall, und die Schätzungen erwiesen sich somit sogar als 100 Prozent zutreffend. Gotts Prinzip erreicht Starstatus! Applaus, wenn möglich!

Sogar auf die Verweildauer unserer eigenen Spezies auf dem Planeten lässt sich Gotts Methode anwenden. Der erste *Homo sapiens* betrat irgendwann die Welt, ob das nun Adam, Eva oder jemand anders war, spielt keine Rolle. Und ganz so wie *homo erectus* oder *homo neanderthalensis* kann auch *homo sapiens* aussterben.

Das ist jedenfalls durchaus im Bereich des Möglichen und könnte zum Beispiel durch eine globale Nuklearkatastrophe oder einen heftigen Meteoriteneinschlag bewirkt werden. Kurzum: Die Menschheit hatte definitiv einen Anfang und wird mit einer gewissen Wahrscheinlichkeit auch ein Ende haben.

Bundesland	Ministerpräsident	Amtszeit von bis
Baden- Württemberg	Winfried Kretschmann	12.05.2011 Ende offen
Bayern	Horst Seehofer	27.10.2008– 13.03.2018
Berlin	Klaus Wowereit	16.06.2001– 11.12.2014
Brandenburg	Matthias Platzeck	26.06.2002– 28.08.2013
Bremen	Jens Böhrnsen	08.11.2005– 15.07.2015
Hamburg	Olaf Scholz	07.03.2011– 13.03.2018
Hessen	Volker Bouffier	31.08.2010– Ende offen
Mecklenburg- Vorpommern	Erwin Sellering	06.10.2008– 04.07.2017
Nieder- sachsen	David McAllister	01.07.2010– 19.02.2013
Nordrhein- Westfalen	Hannelore Kraft	14.07.2010– 27.06.2017
Rheinland-Pfalz	Kurt Beck	26.10.1994– 16.01.2013
Saarland	Annegret Kramp-Karrenbauer	10.08.2011– 01.03.2018
Sachsen	Stanislaw Tillich	28.05.2008– 13.12.2017
Sachsen-Anhalt	Reiner Haseloff	19.04.2011 Ende offen
Schleswig-Holstein	Peter Harry Carstensen	27.04.2005– 16.06.2012
Thüringen	Christine Lieberknecht	30.10.2009– 05.12.2014

Tabelle 2: Die am 26.04.2012 amtierenden Ministerpräsidenten der Bundesländer nebst Amtsdauer an diesem Tag sowie ihrer gesamten Amtszeit. Die letzten beiden Spalten enthalten Anfang und Ende eines 80-prozentigen Vertrauensintervalls (berechnet am 26.04.2012) für ihre weitere Amtszeit.

Amtsdauer T am 26.04.2012 in Tagen	26.04.2012 plus T/9 Tage	26.04.2012 plus 9xT Tage
350	15.06.2012	31.12.2018
1277	25.10.2012	16.10.2036
3967	14.11.2013	06.05.2088
3592	21.09.2013	27.02.2081
2361	29.03.2013	26.07.2057
416	24.06.2012	15.04.2020
604	21.07.2012	02.01.2024
1298	28.10.2012	12.03.2037
665	30.07.2012	23.01.2025
652	28.07.2012	24.10.2024
6392	26.10.2014	28.10.2134
260	02.06.2012	20.04.2017
1429	16.11.2012	15.09.2039
373	18.06.2012	20.06.2019
2556	26.04.2013	21.04.2061
909	03.09.2012	27.09.2029

Unsere Neugier gilt diesem Ende der Menschheit. Will man das Prinzip von Gott auf die Schätzung der Gesamtexistenzdauer der Menschheit anwenden, so muss man annehmen, dass wir uns derzeit an keinem speziellen Zeitpunkt der Menschheitsgeschichte befinden. Wegen des Zufalls, Sie erinnern sich. Sollte diese Indifferenz-Annahme berechtigt sein, können wir mit der Information, dass unsere Spezies *homo sapiens* seit etwa 200 000 Jahren unseren Planeten bevölkert, Gotts Prinzip anwenden. Nach der 39er-Regel lässt sich mit einer Fehlerwahrscheinlichkeit von nur 5 Prozent die weitere Existenzdauer der Menschheit mit einem Wert zwischen 5000 und 7,8 Millionen Jahren veranschlagen.

Diese Schätzung stimmt übrigens gut mit Forschungsergebnissen zur Lebensdauer von Säugetierarten überein, die von Biologen mit anderen Methoden und auf andere Weise erzielt wurden. Bezüglich seiner Größenordnung ist das angegebene Existenzintervall also durchaus stimmig. Auch ist es konsistent mit Daten über frühere Hominiden. *Homo erectus* gab es rund 1,6 Millionen Jahre und *homo neanderthalensis* immerhin 0,3 Millionen Jahre. Und bei den Säugetieren blieben selbst dem mächtigen *Tyrannosaurus rex* nur 2,5 Millionen Jahre, bevor er ausstarb.

Bleiben wir bei der Überlebensfähigkeit der menschlichen Spezies und fragen wir uns, ob es wahrscheinlich ist, dass die Menschheit je eine bahnbrechende Entdeckung machen wird, die ihr eine Zukunft von einigen Milliarden oder gar Billiarden Jahren sichern wird. Wohl kaum, lautet meine Antwort. Jedenfalls ist die Wahrscheinlichkeit dafür verschwindend winzig. Denn eine Zukunft von der Größenordnung von einigen Billiarden Jahren macht es gemäß Indifferenz-Ansatz statistisch hochgradig unwahrscheinlich, dass Sie und ich schon nach 200 000 Jahren Menschheit aufgetreten sind.

Unsere Vergangenheit und unsere Zukunft als Spezies lassen sich noch aus einer anderen Perspektive betrachten. Stellen wir uns zwei äußerlich identische Kisten vor. Eine Kiste enthält 100 Zettel, die andere 100 Millionen Zettel, jeweils nummeriert von 1 bis 100 bzw. von 1 bis 100 Millionen. Nun wählen Sie rein zufällig, etwa durch Münzwurf, eine Kiste aus und ziehen daraus einen Zettel. Sagen wir, er trägt die Zahl 60. Die Intuition sagt uns, dass er höchstwahrscheinlich aus der Kiste mit nur 100 Zetteln stammt. Warum?

Stellen wir uns vor, wir würden den Vorgang des zufälligen Ziehens 200 Millionen Mal wiederholen und dabei immer den gezogenen Zettel in die entsprechende Kiste zurücklegen. Dann wird im Schnitt in 100 Millionen Fällen der Zettel aus der Box mit den vielen Zetteln gezogen. Ist das der Fall, trägt im Mittel genau einer der gezogenen Zettel die Zahl 60.

Ebenso wird im Schnitt in 100 Millionen Fällen der Zettel aus der Box mit nur 100 Zetteln gezogen. Von diesen 100 Millionen Ziehungen werden dagegen im Mittel eine Million die Zahl 60 treffen. Insgesamt werden wir also bei unseren 200 Millionen Ziehungen eine Million und ein Mal einen Zettel mit der Nummer 60 erhalten, von denen nur ein einziger aus der Kiste mit den vielen Zetteln stammt. Es steht also 1:1 Million zugunsten der kleinen Kiste mit weniger Zetteln, wenn auf die beschriebene Weise ein Zettel mit der Zahl 60 gezogen wurde.

Dieses Szenario ist ein pädagogisch wertvolles Lehrstück über die Änderung von Wahrscheinlichkeiten durch das Eintreffen neuer Informationen. Ursprünglich stand es 50:50 zwischen den beiden Kisten. Denn zwischen ihnen wurde ja mit Münzwurf entschieden. Nachdem die Information verfügbar wird, dass ein Zettel mit der Zahl 60 gezogen wurde, verschieben sich die Wahrscheinlichkeiten eklatant zugunsten der Kiste mit wenigen Zetteln.

Diese spielerischen Vorüberlegungen wollen wir mit einer analog angelegten Überlegung auf die Menschheit übertragen. Angenommen, N ist die Anzahl der Mitglieder unserer Spezies *homo sapiens,* die je geboren wurden oder in Zukunft noch geboren werden. Nach wissenschaftlich fundierten Schätzungen, unter anderem des Astrophysikers Brandon Carter und des Philosophen John Leslie, wurden bisher insgesamt 60 Milliarden Menschen geboren. Das ist eine verwertbare Information. Auf ihr aufbauend können wir dasselbe Argument anwenden, das schon beim Ziehen eines Zettels aus einer von zwei unterschiedlich bestückten Kisten nützlich war. Wie war das noch? Aufgrund des gezogenen Zettels konnten wir mit an Sicherheit grenzender Wahrscheinlichkeit sagen, aus welcher der beiden Kisten er stammt. Im jetzigen Kontext nutzen wir die 60-Milliarden-Information zur Differenzialdiagnose, um zwischen zwei möglichen Zukunftsszenarien für die Menschheit zu unterscheiden.

Zum einen handelt es sich um die Möglichkeit, dass die Zahl der in Zukunft noch das Licht der Welt erblickenden Menschen von vergleichbarer Größenordnung ist wie die bis zur Gegenwart geborenen Menschen. Zum anderen handelt es sich um die Möglichkeit, dass die Menschheit erst am Anfang ihrer Entwicklung steht und die Zahl der in der Zukunft auftretenden Menschen die Zahl der bisher geborenen hinsichtlich Größenordnung um das Millionenfache übersteigt.

A priori, ohne Einsatz jeglicher Daten, jeglicher Informationen und jeglichen Wissens stehen die Chancen wieder 50:50 zwischen beiden Szenarien. Doch wir sind ja im Besitz von etwas Information. Es ist die Zahl 60 Milliarden der bisher geborenen Menschen, die uns Carter und Leslie zur Verfügung stellen.

Diese Information entspricht dem Ziehen des Zettels mit der Zahl 60 im Setting mit den beiden Kisten. Insbesondere hat sie dieselbe kognitive Wirkung. So wie dort steht es auch hier, wahrscheinlichkeitstheoretisch betrachtet, 1:1 Million zugunsten einer Menschheit mit erwartbarer Größenordnung von insgesamt nur 100 Milliarden Menschen statt stattlichen 100 Billiarden.

Diese Gedankenführung wollen wir detaillierter fortsetzen. Das Gott-Prinzip steht für einen sofortigen Einsatz bereit. Sein Indifferenz-Ansatz besagt, dass ein rein zufällig ausgewählter unter diesen N Menschen dieselbe Wahrscheinlichkeit hat, sich in jeder dieser N Positionen der chronologischen Geburtsreihenfolge zu befinden.

Ist die absolute Position eines Menschen in der Geburtsreihenfolge die Position n, so ist seine relative Position n:N. Dies bedeutet, dass für den als n-ter Mensch Geborenen, der Anteil A = n:N der gesamten Menschheit vor dessen Geburtszeitpunkt geboren wurde.

Für einen rein zufällig ausgewählten Menschen liegt der anteilige Rang A irgendwo zwischen 0 bis 1, ohne Bevorzugung oder Benachteiligung irgendeines Teilbereichs in diesem Intervall. Jeder mögliche Wert tritt mit der gleichen Wahrscheinlichkeit ein. Diese Aussage der Indifferenz gilt auch für Sie und mich, und zwar a priori, also bevor wir etwas über unseren Rang in der Geburtenfolge der Menschheit wissen.

Nun münden unsere Überlegungen in die Aussage, dass für eine rein zufällig ausgewählte Person die Größe A mit 95-prozentiger Wahrscheinlichkeit im Bereich von 0,05 bis 1 liegt. Diese Aussage gilt auch für Sie und mich: Wir können 95 Prozent sicher sein, dass wir unter die letzten 95 Prozent aller je geborenen oder geboren werdenden Menschen fallen.

Auch Ihr und mein anteiliger Rang A = n:N ist demnach mit 95-prozentiger Sicherheit größer als 0,05. Die Substanz dieser Mitteilung kann sofort in eine Feststellung über das Gesamtvolumen der Menschheit umgearbeitet werden. Die unbekannte Anzahl N ist mit 95-prozentiger Sicherheit kleiner als 20 x n.

Hier angekommen, müssen wir nur unseren absoluten Geburtsrang n = 60 Milliarden einsetzen. Damit haben wir die bemerkenswerte Aussage hergeleitet, dass die gesamte Menschheit mit 95-prozentiger Sicherheit nicht mehr als

20 x 60 Milliarden =
1200 Milliarden Menschen

umfassen wird. Und das ganz rational mit einem Minimum an plausiblen Annahmen und Voraussetzungen.
Nicht zuletzt kann man Gotts Prinzip auch für hoffnungslos erscheinende Prognoseaufgaben einsetzen. Angenommen, Sie kommen in einer Stadt am Bahnhof an, in der die Taxis durchnummeriert sind. Sie besteigen das erstbeste Taxi. Es trägt die Nummer 17. Was können Sie über die Gesamtzahl der Taxis in dieser Stadt sagen? Und zwar ganz seriös, ohne Kaffeesatzleserei. Abermals greifen wir auf die Indifferenz-Überlegung zurück. Da kein Taxi einen Vorteil genießt, hat jedes der insgesamt N Taxis in dieser Stadt dieselbe Wahrscheinlichkeit, dass Sie dort einsteigen. Die Wahrscheinlichkeit beträgt zum Beispiel 50 Prozent, dass Sie in ein Taxi mit einer Nummer aus der ersten Hälfte aller Taxi-Nummern gestiegen sind. Entsprechend ist mit einer Wahrscheinlichkeit von einem Prozent die Nummer Ihres Taxis unter den 1 Prozent kleinsten Taxi-Nummern angesiedelt. Umgekehrt ausgedrückt, ist die Wahrscheinlichkeit 50 Prozent, dass es

2 x 17 = 34

oder mehr Taxis in der Stadt gibt, aber nur 1 Prozent, dass es dort mindestens

100 x 17 = 1700

Taxis gibt.
Diese wie auch einige andere der in diesem Kapitel präsentierten Vertrauensintervalle für Bereichsschätzungen mögen Ihnen vielleicht lang erscheinen. Doch Sie sollten bedenken, dass die Gott-Methodik hinsichtlich des Informationsbedarfs absolut minimalistisch ist und in der Regel nur die bisherige Dauer oder die Menge des betrachteten Phänomens als Input verlangt. Wenn dieser Input zum Beispiel ein Jahr beträgt, ist es für die Zu-

kunftsschätzung unerheblich, ob es sich um ein ein Jahr altes Gebäude, eine ein Jahr alte Beziehung, einen ein Jahr amtierenden Diktator oder einen seit einem Jahr über 10 000 Punkten liegenden Dow-Jones-Index handelt. In jedem dieser Fälle kann die wahrscheinliche Fortdauer des Phänomens mit dem Indifferenz-Ansatz abgeschätzt werden. Dasselbe gilt für das Einschätzen von Gesamtmengen, wie wir gesehen haben.

Generell ist es so, dass unser Vielseitigkeits-Tool die Existenzdauer von Vorgängen, Organismen, Objekten, die zum Zeitpunkt der Beobachtung schon länger andauern, leben oder bestehen, auch mit größerer Wahrscheinlichkeit als noch länger existierend einschätzt. Das ist durchaus im Einklang mit der Intuition. Es leuchtet uns ein, dass es die ägyptischen Pyramiden oder die Chinesische Mauer, die es schon einige Tausend Jahre gibt, auch noch in Tausend Jahren geben wird. Dagegen handelt es sich zum Beispiel bei der Musik des letztjährigen Gewinners des Eurovision Song Contests wohl eher um ein kurzlebiges Phänomen, den nicht erst in 1000 Jahren keiner mehr kennen wird. Oder wissen Sie noch, wie die Person oder Gruppe hieß?

Wie können Sie Ihre Erinnerungen schönen?

Erinnerungen sind ein Blick zurück in die Vergangenheit. Erinnerungen an ein und dasselbe Erlebnis ruft man sich nicht ins Bewusstsein wie einen Film, der jedes Mal unverändert abläuft. Abhängig von der Situation, in der wir uns beim Erinnern befinden, werden nämlich bestimmte Aspekte hervorgehoben, andere abgeschwächt oder ganz ausgeblendet. Insofern ist jede Erinnerung an dieselbe Begebenheit eine neuartige und variierende gedankliche Konstruktion. Dieses letzte Erinnern wird dann erneut vom Gehirn abgespeichert. Das bedeutet: Bei der Erinnerung an ein vergangenes Ereignis wird nicht eins zu eins die damalige Realität ins Bewusstsein zurückgerufen, sondern eine Version des beim letzten Mal abgespeicherten Erinnerungsbildes. Mit allen Veränderungen.

»Genauso ist es passiert. Ich war dabei und erinnere mich so deutlich daran, als wäre es gestern gewesen.« Dieser Satz ist demnach weniger überzeugend, als er zunächst klingt.

All das sind Ergebnisse von Studien der psychologischen Erinnerungsforschung aus den letzten Jahrzehnten. Sie haben eine weitreichende Bedeutung, zum Beispiel für die Bewertung von Zeugenaussagen vor Gericht.

Positiv gesehen liefert uns der beschriebene Modus der Neuspeicherung von Erinnerungen ein Rezept, mit dem wir unangenehme Erinnerungen modifizieren können. Warum nicht so vorgehen: Erinnern wir uns an ein unangenehmes Ereignis, dann fügen wir der Version in unserem Kopf bei jedem weiteren Abruf ein kleines positives Element hinzu, das bei der letzten Erinnerung noch nicht vorhanden war. Erinnerungsinhalte lassen sich nach Studien der einflussreichen US-amerikanischen Psychologin Elizabeth Loftus auf diese Weise gezielt formen. Denn die Verwaltung unserer vielfältigen Erinnerungen befindet sich in einem variablen Zustand. Das bedeutet, wir können Erinnerungsmanagement betreiben und ein Stück weit unliebsame Erinnerungen positiv ergänzen. Wir können sogar positive Erinnerungen benutzen, um negative Erinnerungen umzuprogrammieren.

Das hört sich nach Esoterik an, doch NLP, also Neurolinguistisches Programmieren, tut im Prinzip genau das. NLP steht für eine Sammlung von Methoden zur Veränderung psychischer Abläufe. Ihre Entwicklung begann in den 1970er-Jahren durch die Zusammenarbeit des Psychologen Richard Bandler und des Linguisten John Grinder. Ausgangspunkt ihrer Bemühungen war die Herausarbeitung von Wirkfaktoren dafür, warum manche Psychotherapeuten höhere Heilungsquoten erzielten als andere.

Die Ergebnisse des NLP können uns heute in vielen Alltagsdingen helfen. Ein Beispiel enthielt schon der Abschnitt »Wie kann man sich selbst überreden, etwas Unliebsames zu mögen?« auf Seite 111. Dort habe ich Ihnen gezeigt, wie Sie eine Abneigung gegen mathematische Symbole und abstrakte Formeln abschütteln können.

Wie schließt man von fünf Werten aufs Ganze?

Big Data ist heutzutage in aller Munde. Die Mengen der verarbeiteten Daten sind atemberaubend. Daten faszinieren. Daten informieren. In Big Data steckt extrem viel Information. Insofern ist es nicht wirklich überraschend, dass mit Big Data und datenanalytischem Geschick enorm viel machbar wird. Sinnvoll-seriöse Analysen von Big Data sind große Kunst. Eine Kunstform des digitalen Zeitalters, die an Magie grenzt.

Eine noch größere Kunst besteht allerdings darin, mithilfe verschwindend wenig Information etwas Sinnvolles zu schaffen. Also statt mit Big Data nur mit Small Data eine gewisse Präzision zu erreichen. Geht das? Das geht!

Denn es gibt die *Small-Data-Regel*. Sie ist ein Tool für kleinste Datenpools, die aus nur einer Handvoll Zahlen bestehen. Die Regel lautet: In einer Stichprobe von fünf Zahlenwerten aus einer beliebigen unbekannten Population liegt mit 94-prozentiger Sicherheit der Median dieser Population zwischen dem kleinsten und dem größten Stichprobenwert.

Bei der Population kann es sich um etwas x-Beliebiges handeln. Um Daten über das Lebensalter in einer Bevölkerung, das Einkommen in einem Land, den Fernsehkonsum, Spendenbeträge, Körpergrößen, Temperaturen … Der Fantasie sind keine Grenzen gesetzt.

Der Median ist diejenige Zahl, die die Population in zwei Hälften teilt. Die eine Hälfte liegt oberhalb des Medians, die andere Hälfte liegt darunter. In diesem Sinn ist der Median die Mittellinie. Schauen wir uns beispielsweise die Körpergrößen in Deutschland an. Bei der Körpergröße der männlichen Erwachsenen des Geburtsjahrgangs 1994 liegt der Median-Wert bei 179,9 cm. Bei den Frauen desselben Jahrgangs liegt er bei 165,9 cm.

Betrachten wir nun die Small-Data-Regel genauer. Man muss sie nicht blindlings akzeptieren, denn sie lässt sich beweisen. Am einfachsten mit diesem Gedankengang: Die Wahrscheinlichkeit, dass ein zufällig gezogener Wert aus der Gesamtpopulation *oberhalb* des Medians liegt, ist 50 Prozent oder ½. Da der Median, wie erwähnt, die Mittellinie bildet. Die Wahrscheinlichkeit, dass sogar alle fünf Stichprobenwerte *oberhalb* des Medians liegen, ist demnach

½ x ½ x ½ x ½ x ½ = 1/32 = 3,125 Prozent

Genauso groß ist natürlich auch die Wahrscheinlichkeit, dass alle fünf Stichprobenwerte *unterhalb* des Medians liegen. Zusammengenommen ergibt das die doppelte Wahrscheinlichkeit von

2 x 3,125 = 6,25 Prozent

dafür, dass alle fünf Werte auf *einer Seite* des Medians liegen. Dass sie also allesamt kleiner oder alle größer als der Median sind. Der gegenteilige Fall tritt mit der gegenteiligen Wahrscheinlichkeit von

100 – 6,25 ≈ 94 Prozent

ein. Worum handelt es sich beim gegenteiligen Fall? Er beschreibt genau die in der 5er-Regel angesprochene Situation. Nämlich, dass *mindestens ein Zahlenwert* auf jeder Seite des Medians liegt. Dies bedeutet nichts anderes, als dass der kleinste und der größte Wert den Median der Population zwischen sich haben. So viel zur Begründung.

Die Small-Data-Regel liefert uns also ein Intervall, verbunden mit der recht hohen Sicherheit von 94 Prozent. Mit dieser hohen Sicherheit fällt ein Kennwert der Gesamtpopulation, nämlich der Median, in das angegebene Intervall. Angesichts von nur fünf Informationshäppchen ist das ein äußerst bemerkenswertes Ergebnis.

Eigentlich neigt man zu der Annahme, dass mit nur fünf Zahlenwerten keine nennenswerte Aussage über eine ganze Population gemacht werden kann, jedenfalls nicht mit einer hohen Sicherheit. Die Small-Data-Regel belehrt uns aber eines Besseren. Sie demonstriert eindrucksvoll, wie wenig nötig ist, um die Unsicherheit in Bezug auf eine bestimmte Thematik erheblich zu reduzieren.

Lassen Sie uns das einmal durchspielen. Angenommen, Sie möchten in einer bestimmten Gegend eine Wohnung mieten. Sie haben intensiv recherchiert, konnten aber kein richtiges Gefühl für den infrage kommenden Ort entwickeln. Also machen Sie dort einen Spaziergang und fragen unterwegs fünf Menschen Ihrer Altersklasse, wie sie die Lebensqualität in der Wohngegend einschätzen.

Konkret fragen Sie nach einer Bewertung mit einer Zahl zwischen 1 und 10. Dabei bedeutet 10 ultimative Zufriedenheit und 1 das Gegenteil. Der niedrigste Wert, den Sie bei dieser Umfrage erhalten, ist 2, der höchste ist 6. Dann wenden Sie die Small-Data-Regel an. Der Median des Zufriedenheitsniveaus aller Menschen Ihrer Altersklasse liegt höchstwahrscheinlich (d. h. mit 94-prozentiger Sicherheit) im Bereich von 2 bis 6. Offenbar ist das eine Wohngegend, mit der Ihre Altersgenossen nicht wirklich happy sind.

Schauen wir uns noch ein zweites Beispiel an. Den Geschäftsführer einer Firma interessiert es, welche Strecke seine Mitarbei-

ter zur Firma pendeln müssen. Er plant, eine weitere Filiale zu eröffnen, wenn die Strecken für viele zu lang sind. Er könnte natürlich seine ganze Belegschaft nach der Entfernung zum Wohnort befragen. Das wäre aufwendig, würde viele Daten generieren und mehr Information liefern, als der Geschäftsführer eigentlich benötigt. Stattdessen befragt er nur fünf zufällig ausgewählte Mitarbeiter. Die wohnen 7, 19, 13, 18 und 9 km von der Firma entfernt. Mithin kann der Geschäftsführer 94 Prozent sicher sein, dass seine Angestellten im Mittel 7 bis 19 Kilometer zur Firma zurücklegen müssen. Das hält er für vertretbar und entscheidet sich gegen einen zusätzlichen Standort.
Ihnen fallen bestimmt noch eine Menge Möglichkeiten ein, diese Faustregel sinnvoll einzusetzen.

Warum sollte man pessimistisch in die Zukunft blicken?

Pessimisten leben länger! Das hat eine Studie ergeben, an der Wissenschaftler mehrerer Universitäten in Deutschland und der Schweiz beteiligt waren. Positives, optimistisches Denken erhöht dagegen das Sterberisiko im Alter.
Jedes Jahr über einen Zeitraum von einem Jahrzehnt befragten die Forscher ihre Probanden aus verschiedenen Altersklassen. Sie wollten wissen, wie zufrieden die Teilnehmer gegenwärtig mit ihrem Leben sind und wo sie sich in fünf Jahren sehen würden. Fünf Jahre später überprüften die Wissenschaftler, ob sich die Erwartungen erfüllt hatten.
Bei den älteren Studienteilnehmern gab es ein überraschendes Ergebnis. Hatten sie ausgesprochen positive Erwartungen für ihre Zufriedenheit in fünf Jahren geäußert, so erhöhte sich ihr Sterberisiko um 10 Prozent gegenüber den pessimistischen Teil-

nehmern derselben Altersgruppe. Auch das Risiko für körperliche Beschwerden war bei den optimistischen Senioren erhöht. Die Autoren erklären diese Befunde damit, dass pessimistische Zukunftserwartungen dazu ermuntern, besser auf die eigene Gesundheit zu achten und sich gegen Risiken und Gefahren zu schützen. Pessimistisches Denken ist deshalb förderlicher für Langlebigkeit und Gesundheit als eine optimistische Grundeinstellung.

Also lautet unsere Faustregel: Ein gewisses Maß an Pessimismus schadet nicht.
Denn ist man zu optimistisch und überzeugt, lange zufrieden zu leben, sägt man mit dieser Einstellung am eigenen Ast.

Was bringt es, Daten im Kopf zu erzeugen?

Unser Alltag besteht mehr oder weniger aus Fragen: Werde ich bald die gewünschte Beförderung bekommen? Wird es am Wochenende regnen? Werde ich die Operation gut überstehen? Solche und Millionen anderer Fragen des täglichen Lebens beziehen sich auf eine offene Zukunft. Mit manchen hängen komplizierte Abwägungen zusammen. Etwa im Fall einer größeren Operation mit Bluttransfusion. Man könnte dafür sein eigenes Blut spenden. Doch zu diesem Zweck müsste man 300 km mit dem Auto in eine Klinik fahren. Ist das bei Abwägung aller Risiken ratsam? Nein! Denn die Wahrscheinlichkeit, bei dieser Fahrt einen schweren Verkehrsunfall zu erleiden, ist zwar gering, aber wesentlich größer als die, eine kontaminierte Fremdblutkonserve zu erhalten.

Solche oder ähnliche Einschätzungen nehmen wir ständig vor. Stets sind Risiken gegeneinander abzuwägen und Urteile zu fällen. Implizit spielen bei den meisten Fällen Wahrscheinlichkeiten eine Rolle. Im Normalfall haben wir weder das Wissen noch die Zeit, diese Wahrscheinlichkeiten oder Chancen und Risiken präzise einzuschätzen. Weil wir zum Beispiel keine Daten haben oder schlicht gerade überfordert sind.

Falls Daten vorliegen, wird es einfacher. Etwa, wenn wir eine anstehende Operation planen. Haben wir erfahren, dass in einer Klinik bei 5 von 100 derartigen Eingriffen ärztliche Kunstfehler aufgetreten sind und in einer anderen Klinik nur bei 2 von 100 Eingriffen, dann liefern uns diese stichprobenartigen Informationen eine Entscheidungsgrundlage.

Oft stehen solche Stichproben aber nicht zur Verfügung. Und es besteht keine Möglichkeit, sie schnell zu erheben. Was dann? Ganz einfach. Liegt keine Stichprobe vor, können wir uns eine im Kopf basteln. Ja, das meine ich ernst. Das Gegenstück zu einer richtigen Stichprobe, bei der die Daten aus der Realität bezogen werden, ist die mentale Stichprobe aus den im eigenen Gedächtnis vorhandenen Informationen. Diese Stichprobe ist natürlich nicht hochwertig oder gar repräsentativ, denn die Gedächtnisstichprobe besteht nur aus Einzelfällen, die wir erinnern.

Einige Fälle werden uns sofort in den Sinn kommen und andere überhaupt nicht. Mentale Stichproben sind deshalb verzerrt. Nichtsdestoweniger sind sie nützlich. Sie basieren auf dem *Prinzip vom schnellen Zugriff*. Das ist eine Art geistiger Abkürzung, die auf der unterschiedlichen Schnelligkeit beruht, mit der wir Beispiele aus der Erinnerung abrufen können. Dieses Prinzip ist ein genialer Life-Hack, um mit selbst fabrizierten Daten zu einer sinnvollen Entscheidungsgrundlage zu kommen, wenn andere Daten nicht vorliegen. Mithilfe dieser Schnellzugriffsregel können wir Häufigkeiten und Wahrscheinlichkeiten abschätzen. Ohne externe Informationen und mit einem Minimum an geistigem Aufwand.

Genug der Theorie. Nun ist die Zeit gekommen, das Prinzip vom schnellen Zugriff praktisch zu erproben. Sehen wir uns das Ganze zunächst an einer absichtlich kuriosen Anwendung an. Damit soll die Funktionalität dieses Prinzips demonstriert werden. Es handelt sich um eine linguistische Fragestellung. Kommt in deutschsprachigen Texten der Buchstabe P oder der Buchstabe W häufiger als Anfangsbuchstabe von Wörtern vor?

Man könnte nun umfangreiche statistische Untersuchungen anstellen, etwa für verschiedene Texte die Häufigkeiten der Wörter mit P und W auszählen und so die gestellte Frage beantworten. Oder man beschreitet die Abkürzung über die Schnellzugriffsregel. Ihr Einsatz basiert auf der Erfahrungstatsache, dass Wörter der Alltagssprache mit Anfangs-W schneller und in großer Zahl aus dem Gedächtnis abgerufen werden können, (z. B. Wasser, Winter, Wolle, Wein, Worte, Woche, Wert, Wissen, warum, weshalb, wandern, weigern, wenn, Wachstum, Wärme, Weisheit) als Wörter mit Anfangs-P (z. B. Post, Paket, Papier, Plakat, Portemonnaie, Panorama). Insofern ist es sehr wahrscheinlich, dass W-Wörter häufiger auftreten.

In der Tat zeigen umfangreiche statistische Erhebungen über deutsche Fließtexte, dass 6,8 Prozent der darin auftretenden Wörter mit W beginnen und nur 1,1 Prozent mit P. Bei der Schnellzugriffsregel wird also in Ermangelung anderer Informationen oder auch von Zeit eine Empfindung als Urteilsgrundlage eingesetzt, nämlich die Schnelligkeit des Abrufs von Wissen.

Die Regel befindet sich auch in Übereinstimmung mit einer Erkenntnis der Kognitionspsychologie, nach der die Darbietungshäufigkeit eines Reizes und die Erinnerung daran positiv miteinander korreliert sind. Dieser Effekt stellt sich beispielsweise beim Vokabellernen durch häufiges Wiederholen des Gelernten ein, da die Vokabeln so dem Gedächtnis besser eingeprägt werden.

Je öfter zwei Reize in räumlicher oder zeitlicher Nähe zueinander dargeboten werden, desto intensiver ist die mentale Kopplung und desto leichter ist einer der Reize bei Präsentation des anderen Reizes abrufbar. Das wäre beim Vokabellernen etwa das Übersetzungswort beim Hören eines bedeutungsgleichen Wortes einer anderen Sprache.

Können wir uns schnell an einen Ereignistyp erinnern und viele Beispiele dafür aus dem Gedächtnis abrufen, dann wird dieses Ereignis wohl häufig auftreten. Das ist letztlich die Idee hinter der Schnellzugriffsregel. Die Schnelligkeit, mit der uns Gedächtnisinhalte bewusst werden, spiegelt die Häufigkeit des Auftretens des zugehörigen Reizes in der Realität wider. Es ist erstaunlich, wie oft diese Maxime zu richtigen Ergebnissen führt. Wir alle wenden sie ständig und meist unbewusst an.

Bisweilen führt sie allerdings auch zu Fehlurteilen. Die treten auf, weil unser Erinnerungsvermögen darüber hinaus von anderen Faktoren als der Auftretenshäufigkeit der Reize beeinflusst wird. Von Faktoren, die mit dieser Häufigkeit in keinem Zusammenhang stehen. Dazu gehören die Intensität des Reizes oder die zeitliche Nähe des Erlebten. Neuere, eindrückliche Ereignisse werden leichter erinnert als weniger intensive, schon länger zurückliegende.

Neben der Reizstärke können auch andere Aspekte die Schnellzugriffsregel durcheinanderbringen. Die Psychologen Tversky und Kahneman führten dazu ein Experiment durch, bei dem die Probanden Auflistungen von männlichen und weiblichen Namen gezeigt bekamen. Eine Liste enthielt die Namen von 19 berühmten Männern, gemischt mit den Namen von 20 nicht berühmten Frauen. Bei einer zweiten Liste war es umgekehrt. Sie enthielt 19 Namen berühmter Frauen und 20 Namen unbekannter Männer. Eine Hälfte der Versuchsteilnehmer bekam die erste Liste, die andere Hälfte die zweite Liste ausgehändigt. Nachdem sie die Listen gelesen hatten und etwas Zeit vergangen war, wurde jeder Teilnehmer befragt, ob seine Liste mehr Männer oder mehr Frauen enthielt. Bekannte Namen werden in der Regel besser erinnert als unbekannte. Es wäre also zu erwarten, dass auf der ersten Liste fälschlich die Anzahl der Männer überschätzt werden würde und auf der zweiten Liste analog die Anzahl der Frauen.

In der Tat überschätzten etwa 80 Prozent der Versuchspersonen den Anteil desjenigen Geschlechts, das durch berühmte Namen vertreten war. Es dominierte demnach die bessere Erinnerbarkeit aufgrund von Berühmtheit über die Erinnerbarkeit aufgrund der größeren Anzahl. Insofern hatte das Prinzip des schnellen Zugriffs zu falschen Urteilen geführt.

Weitere Fehlurteile durch die Verwendung dieser Regel resultieren aus der selektiven Wahrnehmung oder der selektiven Medienpräsenz von Ereignissen. Berichten die Medien intensiv und nachhaltig über ein Thema, erinnern wir uns an viele Details. So entstehen Unausgewogenheiten zwischen tatsächlichem Auftreten in der Realität und schnellerem Zugriff aus dem Gedächtnis.

Alle Risiken, über die oft berichtet wird, werden dadurch in ihrer Häufigkeit überschätzt. Dann kann die Sache richtig schiefgehen. Während statistisch gesehen Herzinfarkte 85 Prozent mehr Todesfälle in der Bevölkerung verursachen als Unfälle, hielten in einer Studie nur 20 Prozent der Befragten den Herztod tatsächlich für verbreiteter als den Unfalltod. Enorm überschätzt werden auch alle anderen Todesursachen, die in den Medien überproportional große Aufmerksamkeit erfahren. Dazu gehören Mord und Totschlag, Krebs, Naturkatastrophen. Gleichzeitig werden die Todesfallraten jener Krankheiten unterschätzt, die medial nur eine geringe Rolle spielen, wie etwa Diabetes und Asthma.

Aufgrund desselben medialen Musters schätzen die meisten Befragten auch das Risiko höher ein, beim Fliegen ums Leben zu kommen als durch einen Autounfall, da häufiger und ausführlicher über Flugzeugabstürze berichtet wird. Die Realität sieht grundlegend anders aus. Es gibt in Deutschland rund 3000 Tote pro Jahr durch Autounfälle und weniger als 10 im jährlichen Durchschnitt wegen Flugzeugabstürzen. Übertroffen werden diese Zahlen noch durch die Unfälle im Haus und während der Freizeit. Das sind Jahr für Jahr zusammen mehr als 11000 Tote.

Wenn Sie also die Schnellzugriffsregel anwenden, dann überprüfen Sie in wichtigen Fällen lieber noch einmal, worauf Ihre Datenlage beruht.

Wie hoch schätzen Sie das Risiko eines Mannes ein, Brustkrebs zu kriegen? Wenn Sie denken, wie die meisten Ihrer Mitmenschen, dieses Risiko gibt es nicht und ist demnach null, dann haben Sie es unterschätzt. Brustkrebs kommt natürlich weitaus häufiger bei Frauen vor. Die Fälle bei Männern sind selten. Das tatsächliche Risiko liegt bei etwa 1:1000, als Mann irgendwann im Leben daran zu erkranken.

Wie werde ich im Urlaub nicht krank?

Der Medizinprofessor Marc Schoen von der University of California in Los Angeles hat ein erstaunliches Buch geschrieben mit dem verblüffenden Titel *Warum Entspannung schlecht für die Gesundheit ist.* Darin wird untersucht, ob Menschen im Entspannungsmodus im Urlaub häufiger erkranken als in ihrem stressreicheren Alltag. Die Ergebnisse bestätigen: Das tun sie tatsächlich. Das ist kein Fake, sondern Fakt.

Warum ist das so? Bei Stress schüttet unser Körper biochemische Stresshormone wie Adrenalin und Cortisol aus. Diese Hormone lindern Schmerzen, dynamisieren die Psyche und unterstützen die Bekämpfung aufkommender Infektionen. Nimmt im Urlaub der Pegel der Stresshormone ab, machen sich Entzündungen und andere Beschwerden eher bemerkbar. Das gilt besonders für chronische Leiden wie Asthma oder Migräne, die dann aufflammen können. Dasselbe kann auch am Wochenende passieren, dem sprichwörtlichen kleinen Urlaub.

Es ist ein meisterhafter Kunstgriff der Evolution, dass in Stresssituationen Einschränkungen aller Art weniger spürbar sind. Der Grund dafür sind die sehr rasch und gezielt wirkenden biochemischen Botenstoffe. Erklären lässt sich das aus der Menschheitsgeschichte. Wenn früher der Tiger angriff und unser Vorfahre Schwächen zeigte, war für seinen speziellen Genmix das Ende der Fahnenstange erreicht. Der Tiger hatte dann leichtes Spiel und machte kurzen Prozess. Wer aber in so einem Fall im Stressmodus reflexartig Kräfte mobilisieren konnte, der hatte eine größere Chance zu überleben und seine Gene an die nächste Generation weiterzugeben. Wir als Nachfahren all dieser Vorfahren haben auch diese Gene geerbt.

Können wir also vermeiden, im Urlaub krank zu werden? Wie schaffen wir es, dass das Immunsystem nicht bei Urlaubsbeginn hormonell bedingt komplett herunterfährt?

Marc Schoen hat ein paar leicht umsetzbare Ratschläge parat. Der Trick besteht darin, das Immunsystem auf Touren zu halten. Bauen Sie im Urlaub und auch am Wochenende kurze, aber intensive Einheiten mit körperlichem Training in Ihren Tagesablauf ein. Schon fünf aktive Minuten drei- bis fünfmal täglich reichen aus. Treiben Sie zusätzlich etwas Gehirnsport. Etwa in Form von Sudoku-Lösen mit Zeitlimit. Studien haben gezeigt, dass auch Zahlenknobeleien, Kopfrechnen oder mathematisches Kombinieren in schnellem Tempo das Immunsystem ankurbelt. Und je besser das arbeitet, desto weniger leicht werden wir krank.

Wie wahrscheinlich ist eine Zwillingsgeburt?

Der deutsche Arzt Dionys Hellin stellte anhand der sächsischen Pfarrbücher aus den Jahren von 1860 bis 1890 eine Regelmäßigkeit bei Mehrlingsgeburten fest. Diese statistischen Häufigkeiten erfasste er in einer 1895 veröffentlichten Formel. Nach der *Hellin-Formel* ist im Schnitt eine von 85 Geburten eine Zwillingsgeburt. Davon abgeleitet gibt es eine Drillingsgeburt pro

85 x 85 ≈ 3200 Geburten

und eine Vierlingsgeburt pro

85 x 85 x 85 ≈ 600 000 Geburten

Diese Regel war in Mitteleuropa bis in die 1970er-Jahre annähernd gültig. Seither ist sie außer Kraft gesetzt. Grund dafür ist die moderne Reproduktionsmedizin mit der stark zunehmenden Zahl von Kinderwunschbehandlungen, durch die Mehrlingsgeburten wahrscheinlicher werden. Das Babyglück im Doppelpack kommt seither häufiger vor. Vielleicht haben auch Sie den Eindruck, dass man heutzutage mehr Mütter und Väter sieht, die einen Zwillingskinderwagen vor sich herschieben. Dieser Eindruck wird durch die Daten bestätigt. Tatsächlich gibt es heute rund 50 Prozent mehr Geburten mit Zwillingen.

In Zahlen sieht das so aus. In der Bundesrepublik gab es 2018 unter 787 523 Lebendgeburten insgesamt 14 099 Zwillingsgeburten, also im Schnitt 1 von 55 Geburten. Statt der von Hellin vorhergesagten 1,2 Prozent sind das heute 1,8 Prozent. Drillingsgeburten gab es 2018 bei uns 260. Das ist eine von 3000 Geburten; der Anteil ist demnach rund doppelt so hoch als nach der Hellin-Formel. Schließlich kamen 2018 noch sechsmal Vierlinge zur Welt. Nach Hellin wäre nur ein einziger Fall zu erwarten gewesen. Heute kommt also ein Mehrlingskind auf 27 Kinder.

Das ist mehr als früher, aber immer noch weitaus weniger als beim Volk der Yoruba, das im Südwesten Nigerias beheimatet ist. Die Yoruba haben traditionell eine sehr hohe Zwillingsfruchtbarkeit. Ihre Stadt Igbo-Ora gilt als *Welthauptstadt der Zwillinge*. Fast in jeder Großfamilie wachsen dort Zwillinge auf. Bei gynäkologischen Untersuchungen in den Jahren 1972 bis 1982 brachten dort von 1000 Frauen 50 Frauen Zwillinge zur Welt. Das ist eine dreifach höhere Rate als bei uns. Nach Studien der Universität von Lagos könnte das mit der Ernährung zusammenhängen. Die Yamswurzel ist ein wichtiger Bestandteil fast aller Gerichte der Yoruba. Sie enthält das Hormon Phytoöstrogen, von dem bekannt ist, dass es die Eierstöcke stimuliert. Diese geben dann bisweilen zwei Eier in die Eileiter ab.

Die Wahrscheinlichkeit einer Mehrlingsgeburt wird übrigens sehr durch die genetischen Anlagen des Mannes bestimmt. Als Beleg dient der russische Bauer Fjodor Wassiljew (1707 bis 1782). Bis heute gilt er als der Mann, der die meisten Kinder mit derselben Frau gezeugt hat. Er hatte mit seiner ersten Frau die enorme Zahl von 69 Kindern. Darunter waren sechzehnmal

Zwillinge, siebenmal Drillinge und viermal Vierlinge. Mit seiner zweiten Frau zeugte er 18 Kinder, sechsmal Zwillinge und zweimal Drillinge. Also in allen Fällen Mehrlingsgeburten.
Ein geringfügiger Zusammenhang der Wahrscheinlichkeit für Zwillingsfruchtbarkeit besteht mit dem Alter der Frau bei der Schwangerschaft. Dies ist das Zwillings-Paradoxon der Gynäkologie: Je älter eine Frau ist, desto unwahrscheinlicher ist es, dass sie schwanger wird. Gleichzeitig ist es umso wahrscheinlicher, dass sie im Fall einer Schwangerschaft Zwillinge zur Welt bringt. Gynäkologen sehen Veränderungen im hormonellen Regelkreis älterer Frauen als Ursache dafür an. Diese Veränderungen führen bei ihnen öfter als bei jüngeren Frauen zu zwei gleichzeitigen Eisprüngen in einem Zyklus.

Die 31-jährigen Zwillinge *Lorraine* und *Levinia Christmas* lebten in verschiedenen Stadtteilen von Flitcham, Norfolk, Großbritannien. Am Weihnachtstag 1994 brachen sie gleichzeitig, aber ohne Absprache, von ihren Wohnungen auf, um sich wechselseitig das gleiche Weihnachtsgeschenk zu bringen. In der Mitte der Strecke stießen sie mit ihren Autos frontal zusammen. (*The Independent* vom 26.12.1994)

In welchem Alter machen Kinder glücklich?

Kinder machen nicht alle Eltern glücklich. Selbst solche, die durch sie glücklich werden, sind es nicht die ganze Zeit, so viel ist klar und vielleicht sogar selbstverständlich. Aber wie verhält es sich im Durchschnitt? Sind Eltern die glücklicheren Menschen?
Die Antwort auf die Frage ist kompliziert. Es gibt kein eindeutiges Ja oder Nein. Zahlreiche Studien aus den letzten Jahrzehnten

haben sich damit befasst, weil es offenbar ein Thema ist, das die Menschen bewegt.

Vergleichen wir also die allgemeine Lebenszufriedenheit von Menschen, die Kinder haben, mit der von Kinderlosen. Glücklich macht zunächst einmal die Vorfreude auf gewollte Kinder. Auch in der ersten Zeit nach der Geburt sind Eltern im Schnitt etwas glücklicher als Paare ohne Kinder. Und das, obwohl frischgebackene Eltern gestresster, besorgter und häufig übermüdet sind. Der Nachwuchs kostet Schlaf, Geld und Freizeit.

Doch mit den Jahren ändern sich die Dinge. Als Faustregel kann gelten, dass Eltern ab dem Zeitpunkt, an dem ihr jüngstes Kind vier Jahre alt ist, weniger glücklich sind als kinderlose Ehepaare. Der Unterschied ist nicht groß, aber statistisch relevant.

Viele Eltern wünschen sich in dieser Phase, der Stress in der Partnerschaft durch die Kinder und die Hindernisse für ein erfülltes Sexualleben würde endlich nachlassen. In diesem Lebensabschnitt gewinnen die Kinderlosen beim persönlichen Glücksniveau also statistisch die Oberhand. Das bleibt viele Jahre lang so, denn das Großziehen von Kindern ist immer eine Herausforderung.

Ein nicht zu unterschätzender Aspekt ist in Deutschland immer noch die schlechte Vereinbarkeit von Familie und Beruf. Auch das Homeoffice bringt nicht die erhoffte Lösung, wie Corona gezeigt hat. Bei jüngeren Eltern ist deshalb der Zufriedenheitsunterschied besonders ausgeprägt. Ihre finanzielle Situation ist altersbedingt meist weniger stabil. Will man mehr Zeit mit den Kindern verbringen, leidet oft die Karriere, bei den Müttern mehr als bei den Vätern.

Irgendwann später im Leben kommt dann jedoch der Zeitpunkt, ab dem Eltern im Durchschnitt glücklicher sind als Kinderlose. Leider erst dann, wenn der Nachwuchs ausgezogen ist. Jetzt dominieren die positiven Aspekte der Elternschaft, die Mühen treten in den Hintergrund oder geraten sogar in Vergessenheit. Von da an wird die Glückskluft zwischen Eltern und Kinderlosen zu-

gunsten der Eltern immer größer. Und sie vergrößert sich weiter, wenn Enkelkinder kommen.
Die Kinder der Kinder sind eine wahre Glücksquelle, nicht nur bei uns. Das ist das Ergebnis einer umfangreichen Studie von Forschern der Universität Heidelberg. Sie haben die Lebenssituationen von 55000 Menschen in weltweit 16 Ländern erfasst. Alle waren mindestens 50 Jahre alt und machten Angaben zu Kindern und Enkelkindern, persönlicher Zufriedenheit, Einkommensverhältnissen sowie der Art von sozialen Netzwerken, die sie innerhalb und außerhalb der Familie pflegten.
Kinder sind also eine Investition in die Zukunft. Das ist nicht finanziell gemeint, sondern qualitativ in Bezug auf die Lebensqualität zu verstehen. Kinder sind Teil des Prinzips Hoffnung auf zukünftiges Glück.

In Entwicklungsländern bilden Kinder die wichtigste und oft einzige Altersvorsorge. Aus diesem Grund und wegen der weitaus höheren Kindersterblichkeit haben die Menschen in diesen Ländern in der Regel viele Kinder. Im afrikanischen Land Niger liegt der Durchschnitt bei sieben Kindern pro Frau.

Wann zahlt es sich aus, das Gegenteil zu tun?

Über Zufallsmuster hatten wir ja schon gesprochen. Das folgende ist ein weiteres Beispiel dafür, wie solche Muster während des Krieges eine Rolle spielten. Wieder geht es um Kampfflieger. Diesmal um die Risiken ihrer Einsätze, ganz konkret um die Verringerung dieser Risiken durch Verbessern der Panzerung. Typischerweise wiesen die von Kampfeinsätzen zurückkehrenden Flugzeuge Einschusslöcher auf. Die hatte ihnen die gegne-

rische Luftabwehr zugefügt. Jeder Treffer ist natürlich für den Piloten beängstigend, da er lebenswichtige Funktionen des Flugzeugs beeinträchtigen kann. Um die Gefahr des Absturzes zu verringern, kam die bemerkenswerte Methode des US-amerikanischen Statistikers Abraham Wald zum Einsatz. Sie bestand darin, alle Einschusslöcher der von Einsätzen heimkehrenden Bomber zunächst an einem einzigen Flugzeugmodell grafisch zu erfassen. Anschließend wurde bei den für weitere Einsätze vorgesehenen Bombern über allen Arealen *ohne(!)* Einschusslöcher eine zusätzliche Panzerung angebracht.
Warum ist das schlau und welche Idee verbirgt sich hinter dieser Maßnahme? Ausgangspunkt ist das *Gegenteilsprinzip*.

> Im Zweiten Weltkrieg bemühten sich die Menschen in Deutschland, die Verdunklungsvorschriften einzuhalten, weil sie den Bomberangriffen der Alliierten kein leichtes Ziel bieten wollten. Im Gegensatz dazu sorgten die Einwohner von Konstanz jedoch nachts für volle Beleuchtung. Damit täuschten sie vor, Teil der angrenzenden Schweiz zu sein, die im Krieg neutral war. Da die Bomberpiloten den exakten Grenzverlauf nicht kannten, verzichteten sie auf Bombenabwürfe über der hell erleuchteten Stadt.

Nach einigem Nachdenken erscheint uns Abraham Walds Idee plausibel. Da anzunehmen war, dass Treffer durch die gegnerische Abwehr statistisch gleichmäßig über die Flugzeuge verteilt sein würden, mussten die abgeschossenen Bomber an lebenswichtigen Stellen getroffen worden sein. Dabei handelte es sich im Umkehrschluss um genau die Stellen, an denen die zurückgekehrten Bomber *nicht* getroffen worden waren.
Die schraffierten Areale im rechten Modell von Abbildung 6 zeigen jene Bereiche, wo keiner der zurückgekehrten Flieger Treffer aufwies. Es darf angenommen werden, dass die abgeschossenen Maschinen genau dort Treffer erlitten hatten. Deswegen war es

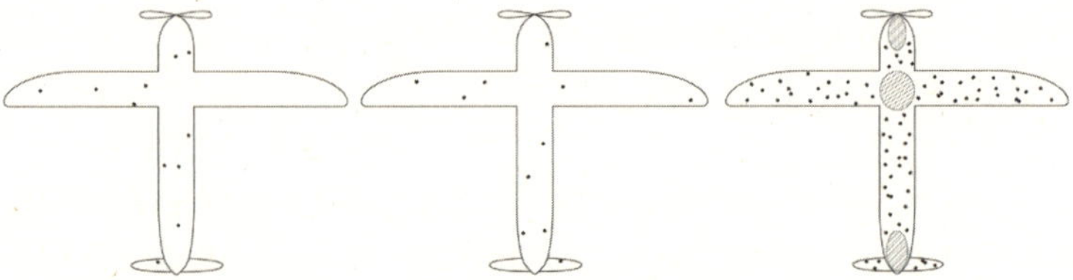

Abb. 6: Links und in der Mitte die Modelle zweier Bomber, mit markierten Einschusslöchern. Im Modell rechts wurden alle Einschüsse aller zurückgekehrten Bomber grafisch zusammengefasst.

sinnvoll, die zurückkehrenden Maschinen mit zusätzlicher Panzerung in diesen überlebenswichtigen Bereichen auszustatten. Das ist eine geniale Anwendung des Gegenteilsprinzips: Nicht da zusätzlich panzern, wo die Treffer waren, sondern da, wo nie ein Treffer gemacht wurde!

Warum darf ich mich für attraktiv halten?

Schönheit und Attraktivität lassen sich auf einer Skala bewerten. Die eigene und die von anderen. Wir alle tun das ständig, bewusst und unbewusst. Dabei stimmen Selbst- und Fremdwahrnehmung oft nicht überein. Andere Menschen schätzen uns im Schnitt um 20 Prozent attraktiver ein, als wir es selber tun. Das ist ein mehrfach durch Studien belegter, psychologischer Effekt. Der Schluss, den man daraus ziehen sollte, liegt auf der Hand: Seien Sie selbstbewusster und weniger kritisch Ihrem Äußeren gegenüber. Geben Sie sich einen Fremdwahrnehmungsbonus.

Nicht immer hinkt die Selbstwahrnehmung hinterher. Beim Autofahren ist das Selbstbewusstsein der Allgemeinheit wesentlich größer. Erstaunliche 90 Prozent aller Autofahrer schätzen ihre eigenen Fahrkünste als überdurchschnittlich gut ein.

Gibt es Wetterfühligkeit?

Mitte der 1990er-Jahre taten sich der kanadische Internist Donald Redelmeier und der israelische Psychologe Amos Tversky zusammen, um zu untersuchen, ob Menschen mit Arthritis das Wetter vorhersagen können.

Im Rahmen einer Studie wurden 18 Arthritis-Patienten wissenschaftlich begleitet. Von den Rheumakranken hatten 17 ihren Ärzten gegenüber erwähnt, dass ihre Krankheit stark vom Wetter beeinflusst werde. In der Studie wurde sowohl die Selbsteinschätzung der Schmerzen durch die Patienten als auch die ärztlich untersuchte Druckempfindlichkeit der Gelenke untersucht. Ferner sollten die Patienten bewerten, wie die Beschwerden am jeweiligen Tag ihren Alltag eingeschränkt hatten. Bei den gemessenen Wetterdaten handelte es sich um Temperatur, Luftdruck und Luftfeuchtigkeit.

Die statistische Analyse der über 15 Monate erhobenen Daten ergab keinerlei Korrelationen. Die beiden Wissenschaftler konnten nachweisen, dass es bei keinem Patienten einen Zusammenhang zwischen bestehenden Wetterverhältnissen und der Stärke ihrer Krankheitssymptome gab. Die sogenannte Wetterfühligkeit bei Arthritisbeschwerden ist somit eine statistische Fata Morgana, ein gutes Beispiel für einen nur eingebildeten Zusammenhang.

Wie kommt man an einen kostenlosen Drink?

Unser Leben ist gespickt mit Zahlen. Überall und immerfort sind wir von ihnen umgeben. Wenn wir Zeitung lesen, Sport treiben, Geld anlegen, Auto fahren, Spiele spielen, Urlaub machen oder im Alltag unsere Kreise ziehen, begegnen sie uns. Öfter und in größerer Häufung, als uns manchmal lieb ist. Dieses Sammelsurium der Alltagszahlen ist gar nicht so chaotisch, strukturlos und unsystematisch, wie wir denken. Auch ein Zahlen-Mix enthält Muster, befolgt Regeln und gehorcht Gesetzen.

Welche Muster, Regeln und Gesetze das sind? Nun, es sind ziemlich viele. Das fängt schon damit an, dass im Schnitt 30 von 100 dieser beliebigen Zahlen, die unseren Weg kreuzen – ob als Cholesterinwert beim Arzt, Aktienkurs an der Börse oder als tägliche Corona-Neuinfektionen –, mit der Anfangsziffer 1 beginnen. Und nur 5 von 100 dieser Zahlen beginnen mit der Ziffer 9. Unglaublich, oder? Das ist eine ausgeprägte Unausgewogenheit, die man fast schon als extrem bezeichnen kann.

Die kleineren Anfangsziffern insgesamt kommen bei den Alltagszahlen viel häufiger vor als die größeren. Eine der Ziffern 1, 2, 3, 4 steht in 70 von 100 Fällen vorne, die Ziffern 5, 6, 7, 8, 9 nur in 30 von 100 Fällen. Diese Eigenschaft wird als *Benfordsches Gesetz* bezeichnet, benannt nach dem US-amerikanischen Elektroingenieur Frank Benford (1883 bis 1948). Veröffentlicht hat der es 1938 in einer wissenschaftlichen Zeitschrift unter der Überschrift *Das Gesetz der anormalen Zahlen.*

Echte, unverfälschte Daten aus vielen Bereichen besitzen die Benford-Eigenschaft. Bei Daten, die sie nicht besitzen, lohnt es sich, der Frage nachzugehen, warum das so ist. Oft stellt sich dann heraus, dass jemand die Zahlen verändert, gefälscht, erfunden oder sonst wie an ihnen herumgetrickst hat. Mit diesem mathematischen Gesetz lassen sich also auch Daten-Tricksereien aufspüren.

Anormal ist die Eigenschaft dieses statistischen Miteinanders der Zahlen ganz eindeutig. Aber auch irgendwie sehr verspielt. Wenn Sie sich für die spielerische Seite des Benfordschen Gesetzes interessieren, kann ich Ihnen eine Möglichkeit zeigen, damit einen Drink zu schnorren.

Nehmen wir an, Sie sitzen mit einem Bekannten in einer Bar. Sie schlagen ihm vor, den Zufall entscheiden zu lassen, wer den nächsten Drink bezahlen soll. Natürlich möchten Sie nicht derjenige sein, für den sich der Zufall entscheidet. Mein Tipp: Begeben Sie sich in die Hände von Benfords Gesetz. Schlagen Sie dem Bekannten vor, einen beliebigen Begriff zu nennen. Irgendeinen Begriff, der ihm gerade in den Sinn kommt. Ihr Bekannter sagt *Corona*. Dann schauen Sie beide auf dem Smartphone nach, wie oft dieser Begriff beim Googeln auftaucht. Vorher verabreden Sie, wer gewinnt. Liefert das Googeln eine Zahl, die mit einer der Ziffern 5, 6, 7, 8, 9 beginnt, dann werden Sie den nächsten Drink bezahlen. Bei den vier anderen Anfangsziffern 1, 2, 3, 4 trifft es Ihren Bekannten.

Für die meisten Menschen wird sich Ihr Vorschlag großzügig anhören. Denn immerhin haben Sie angeboten, bei fünf der neun möglichen Anfangsziffern die Zeche zu zahlen. Insofern dürfte Ihr Bekannter keinen Grund sehen, das kleine Spielchen abzulehnen. Wie Sie aber inzwischen wissen, liegt Ihre Siegchance trotzdem bei 70 Prozent.

Benford ist nur ein Beispiel für Gesetzmäßigkeiten im Reich des Zufalls. Diese Gesetze machen aber keine absolut sicheren Aussagen über völlig vorherbestimmte Geschehnisse und Abläufe. Gesetze, denen der Zufall gehorcht, sind daher von anderer Art als zum Beispiel die *Keplerschen Gesetze*, die präzise Informationen über die Bewegung der Planeten auf ihren Bahnen um die Sonne liefern. Zufallsgesetze geben Auskünfte über Wahrscheinlichkeiten, mit denen Ereignisse eintreten.

Wie beeindruckt man den weiblichen Teil seiner Spezies?

Bei manchen Tierarten treiben die Männchen einen enormen Aufwand, um prachtvoll auszusehen. Einige pumpen sich tatsächlich mit so viel Elan auf, dass ihnen die immense Prachtfülle ausgesprochen hinderlich wird. Auch Aufrechterhaltung und Pflege der Statussymbole verschlingen unverhältnismäßig viel Energie. Beispiele dafür sind die mächtigen Geweihe der Hirsche und die üppigen Räder der Pfauen. Warum machen sich die Männchen überhaupt diese Mühe, wenn die Prachtentfaltung so viele ihrer Ressourcen verschlingt?

Die von der Mehrheit der Experten favorisierte Erklärung ist die *Hamilton-Zuk-Hypothese*. Sie besagt, dass der Prachtaufputz eine stark erotisierende Wirkung auf die Weibchen hat – je prachtvoller, desto stärker. Denn die pompösen Aufmachungen zeugen von vorzüglicher Fitness und bester Gesundheit. Sie sind noch dazu ein Zeichen, das man nicht manipulieren kann.

»You can't fake it«, wie die Briten sagen.

Prunk und Pracht wirken dabei in doppelter Hinsicht. Zum einen wird hervorragende Kondition benötigt, um die Opulenz in Schuss zu halten. Andererseits ist sie für die Weibchen ein untrüglicher Hinweis, dass die stärksten Protze besonders gut gegen Krankheitserreger geschützt sind. Die Weibchen können also an der Prachtfülle den Immunstatus der Männchen ablesen.

Die wissenschaftliche Bestätigung der Hypothese gelang in den 1990er-Jahren Forschern der Universität Bern. Sie experimentierten mit Stichlingspärchen. Die männlichen Stichlinge investieren viel Energie in einen rot gefärbten Bauch, weil die Weibchen Männchen mit besonders intensiver Rotfärbung bevorzugen. Und das mit Recht. Die Forscher konnten nämlich zeigen, dass diese Fische in der Tat gesünder waren. Sie hatten weniger Parasiten, weil ihre Immunabwehr gegen Viren und Bakterien besser funktionierte. Der Schweizer Post war dieser wissenschaftliche Durchbruch übrigens eine hübsche Briefmarke mit einem Stichlingspärchen wert.

Noch etwas zur Immunabwehr: Bei Wirbeltieren, auch bei uns Menschen, ist dafür der sogenannte Haupthistokompatibilitätskomplex (kurz MHC genannt) verantwortlich. Das ist eine variantenreiche Kollektion von Genen, die unter anderem bei Organtransplantationen von entscheidender Wichtigkeit sind. Ein Körper akzeptiert nur solche Spenderorgane, die vom MHC-Typ zu ihm passen. Die MHC-Gene liefern die Bauanleitung für bestimmte Moleküle, deren Aufgabe darin besteht, Eiweißbruchstücke von Parasiten aufzufangen und sie anderen spezialisierten Zellen des Immunsystems zuzuführen, die an den Bruchstücken die Körperfeinde erkennen und sie bekämpfen können. Für die Gesundheit ist es also von Vorteil, mehrere MHC-Varianten zu besitzen.

Rein immunologisch betrachtet sollte man deshalb die Partnerwahl so treffen, dass die eigene Sammlung von MHC-Genen ergänzt wird. Tatsächlich können Tiere und Menschen bereits am Geruch eines potenziellen Sexualpartners erkennen, ob dessen MHC-Typ anders ist als der eigene.

Das hat unter anderem der Schweizer Zoologe Claus Wedekind mit einem bahnbrechenden Experiment bewiesen. Dabei konnten Studentinnen an verschwitzten T-Shirts von Studenten erschnuppern, welcher der Männer sich immunologisch am meisten von ihnen unterschied, also unter diesem Gesichtspunkt am besten zu ihnen passte. Wer gut passte, dessen Schweiß roch gut. Wer ihnen zu ähnlich war, der stank ihnen im wahrsten Sinne des Wortes.

Der Volksmund wusste das schon immer: Man muss jemanden riechen können.

Wie groß wird mein Kind?

Hose und Ärmel sind plötzlich zu kurz, die Schuhe drücken. Was letzte Woche noch passte, ist auf einmal zu klein. Der Grund ist ein Wachstumsschub beim Kind.

Kinder wachsen ständig, mal kontinuierlich, mal in sichtbaren Schüben. Wachstum ist ein Prozess, der mit der Befruchtung der Eizelle einsetzt und bis ins achtzehnte Lebensjahr andauert. In den ersten drei Lebensjahren kann man den Kindern praktisch beim Wachsen zusehen. Manchmal fragt man sich: Wie groß werden sie?

Es gibt zwei Faustregeln, um bei Kindern abzuschätzen, wie groß sie später als Erwachsene in etwa sein werden. Eine Regel geht von der Größe der beiden Eltern aus. Sie differenziert nach Geschlecht:

Erwachsenengröße Junge =
(Größe Mutter + Größe Vater + 13) : 2
Erwachsenengröße Mädchen =
(Größe Mutter + Größe Vater – 13) : 2

Diese Formel kann schon für ungeborene Kinder angewendet werden.

Die andere Formel ist noch einfacher, benötigt aber eine Spezialinformation, die erst nach der Geburt vorliegt. Auch sie differenziert nach Geschlecht: Um die Erwachsenengröße eines Jungen abzuschätzen, verdoppelt man seine Größe mit zwei Jahren. Bei einem Mädchen verdoppelt man die Größe im Alter von 20 Monaten.

Die Nägel an unseren Fingern wachsen relativ gleichmäßig. Mit nur kleinen Variationen bringen sie es auf circa 3,5 mm im Monat. In einem Jahr sprießen sie also hochgerechnet 4,2 cm. Zwar ist das recht ordentlich, doch es geht noch besser. Schneller als die Nagellänge nimmt die Körperlänge zu. Jedenfalls, solange der Körper noch wächst. Kinder ab dem fünften Lebensjahr wachsen etwa 5 cm im Jahr. Jüngere Kinder wachsen sogar noch schneller. Während des zweiten Lebensjahres circa 12 cm.

Wie wird man gesund alt?

Der Grund, warum manche Menschen besser als andere lebensbedrohende Krankheiten auf Distanz halten können, liegt nach Ansicht einer Gruppe von Harvard-Medizinern weniger als bisher gedacht an den Genen, sondern vielmehr an den Lebensgewohnheiten.

Die Wissenschaftler haben eine Langzeitstudie mit 80 000 Frauen und 45000 Männern durchgeführt, die sich über einen Zeitraum von drei Jahrzehnten erstreckte. Ihr Ziel war es, die Wirkung verschiedener Lebensgewohnheiten auf die Langlebigkeit zu untersuchen.

Die Ergebnisse der Studie sind aufschlussreich, da sie die außerordentlich starke Wirkung von nur wenigen Faktoren beweisen. Wer die folgenden fünf Ratschläge beachtet, lebt mindestens zehn Jahre länger! Es sind die Big Five for Life:

- Körperliche Aktivität: mindestens einmal am Tag ein bisschen ins Schwitzen kommen und sich eine halbe Stunde bewegen.
- Normales Gewicht: Der Body-Mass-Index sollte zwischen 18,5 und 25,0 liegen.
- Geringer Alkoholkonsum: als Frau täglich nur ein Glas Wein, Bier oder Schnaps trinken. Männern sind zwei Gläser erlaubt.
- Nicht rauchen: auf Tabakkonsum gänzlich verzichten.

- Ausgewogene Ernährung: viel Obst, Gemüse und Ballaststoffe essen, wenig Fleisch.

Stellen wir uns eine repräsentative 50-jährige Frau in der westlichen Welt vor. Laut Statistik kann sie erwarten, noch etwa 33 Jahre zu leben. Bei einem 50-jährigen Mann sind es statistisch vier Jahre weniger.

Bei der genannten Studie kam heraus, dass Frauen im Alter von 50 Jahren, die sich an keinen dieser fünf Ratschläge hielten, eine durchschnittliche Gesamt-Lebenserwartung von 79 Jahren hatten. Altersgenossinnen, die alle fünf Ratschläge beachteten, lebten dagegen im Schnitt 14 Jahre länger, wurden also im Schnitt 93 Jahre alt.

Genauso frappierend waren die Unterschiede bei den Männern mit 50. Wer sich an keinen der Ratschläge hielt, konnte erwarten, 76 Jahre alt zu werden. Wer alle fünf Regeln beachtete, wurde im Schnitt 88 Jahre alt.

Sich an die fünf Regeln zu halten scheint doch eigentlich machbar zu sein. Für jene, denen das schwerfällt, haben die Mediziner eine gute Nachricht: Es genügt, vier der fünf Ratschläge zu befolgen.

Frauen, die vier der fünf Ratschläge einhielten, blieben gegenüber einer Kontrollgruppe, die sich an keine einzige hielt, zehn Jahre länger von chronischen Krankheiten wie Krebs, Diabetes und Herz-Kreislauf-Leiden verschont. Der entsprechende Effekt beträgt bei Männern acht Jahre.

Ältere Eltern machen jünger. Werden beide Eltern älter als 75 Jahre alt, haben ihre Kinder ein physiologisches Alter, das um vier Jahre unter ihrem tatsächlichen Alter liegt. Sterben beide Eltern vor dem 75. Lebensjahr, sind die Kinder physiologisch vier Jahre älter als ihr Lebensalter.

Eine ergänzende Studie am Deutschen Krebsforschungszentrum in Heidelberg ist noch weiter in die Einzelheiten gegangen und hat die Verluste an Lebensjahren aufgeschlüsselt, die die Missachtung der einzelnen Faktoren statistisch mit sich bringt.

- Männer, die seit ihrer Jugend täglich mehr als 10 Zigaretten rauchen, büßen im Schnitt 9,4 Lebensjahre ein. Bei Frauen sind es 7,3 Jahre.
- Männer mit hohem Alkoholkonsum (mehr als 4 Gläser Wein à 0,2 l, Bier à 0,5 l oder Schnaps à 2 cl täglich) bezahlen mit 3,1 Lebensjahren. Frauen, die täglich mehr als ein Glas Wein à 0,2 l, Bier à 0,5 l oder Schnaps à 2 cl zu sich nehmen, büßen 1 Jahr ein.
- Übergewichtige Männer (BMI > 30) verlieren 3,1 Lebensjahre, übergewichtige Frauen 3,2 Jahre.
- Zu wenig körperliche Aktivität kostet Männer 0,4 Lebensjahre und Frauen 1,1 Jahre.
- Mehr als 120 Gramm Fleisch oder Wurst pro Tag reduzieren die Lebenserwartung von Männern um 1,4 Jahre und von Frauen um 2,4 Jahre.

- Weniger als 200 Gramm Obst oder Gemüse pro Tag verkürzt das Leben von Männern um 1,3 Jahre, von Frauen um 0,8 Jahre.

Altern ist Verschleiß. Hauptursache ist die Abnutzung von Zellen und Organen. Das hört sich zwar einfach an, ist jedoch ein sehr komplexer Vorgang. Er beinhaltet ein Zusammenspiel vieler Einflüsse aus den Bereichen Vererbung, Umwelt und Verhalten. Dabei sind wir Tag für Tag Risiken ausgesetzt.
Seriöse Anti-Aging-Maßnahmen gibt es deshalb nicht. Doch immerhin besteht die Möglichkeit, mit den fünf aufgezeigten Ratschlägen den eigenen Alterungsprozess zu verlangsamen und lebensverkürzende Risiken zu meiden.

Leben Sie wohl und bleiben Sie gesund!

Dank

Ich bedanke mich bei allen, die zur Verwirklichung dieses Projekts beigetragen haben, insbesondere dem Droemer Verlag für die Aufnahme des Buches in sein Verlagsprogramm.
Jürgen Bolz danke ich für das exzellente Lektorat und eine in jeder Hinsicht erfreuliche Zusammenarbeit, Claudia Krader für die einfühlsame und gewissenhafte Redaktion und Alex Balko für die hervorragende zeichnerische Realisierung meiner Bildideen.
Mein größter und sprachloser Dank gilt Andrea, Hanna und Lennard.

Christian Hesse,
im Februar 2021

Bildnachweis

Seite 14, 78, 206: Vlad Sasu
Seite 17: mauritius images / FLHC A2020 / Alamy
Seite 19: Images and generating algorithm courtesy of Paul Lutus, http://www.arachnoid.com
Seite 21: Jones, Catherine Emma (2012) Bomb Sight: Mapping the WW2 Bomb Census. Retrieved from www.bombsight.org November 2020
Seite 42, 63, 89, 92, 95, 108, 121, 127, 193, 215: Alex Balko

Register